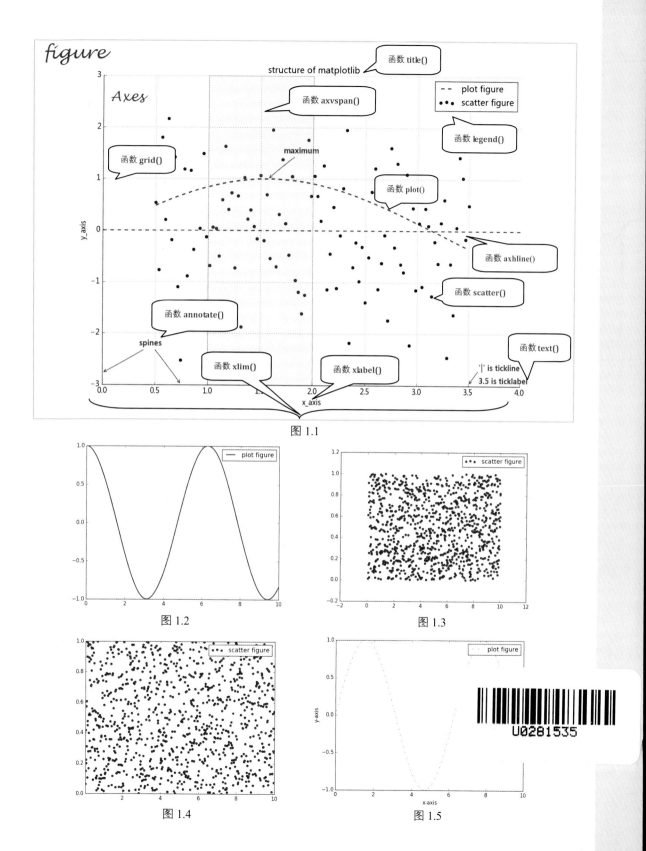

图 1.1

图 1.2

图 1.3

图 1.4

图 1.5

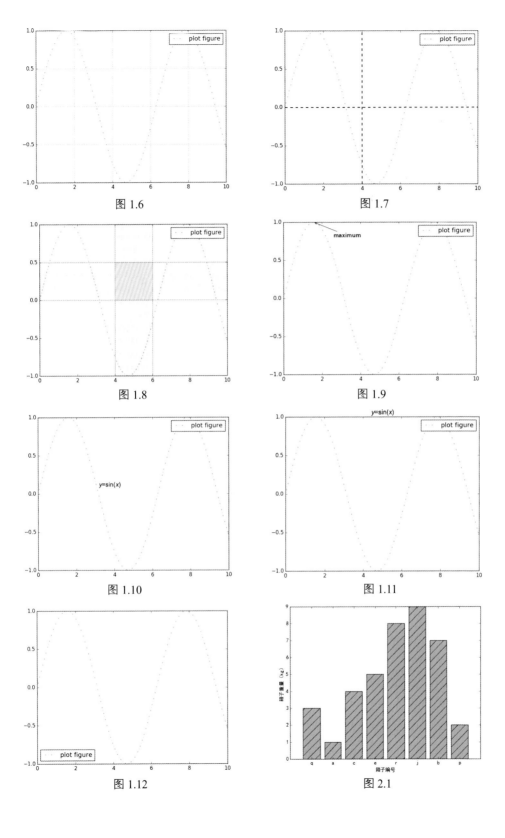

图 1.6

图 1.7

图 1.8

图 1.9

图 1.10

图 1.11

图 1.12

图 2.1

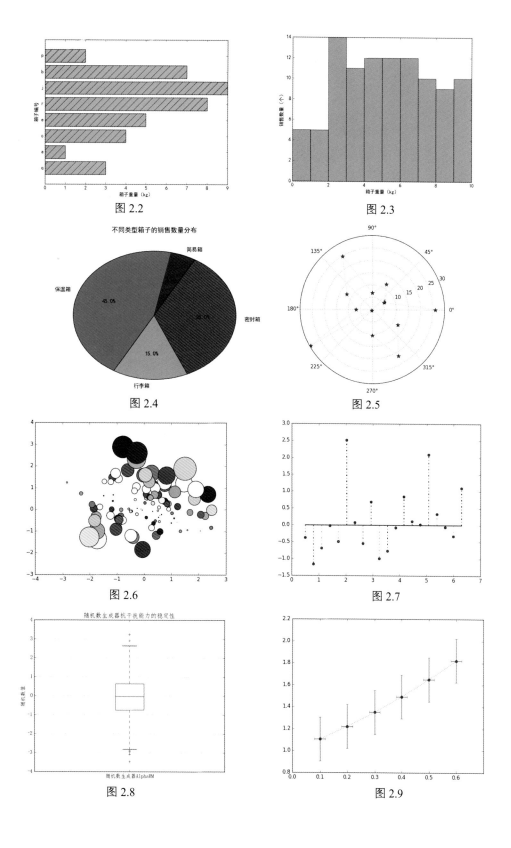

图 2.2

图 2.3

图 2.4

图 2.5

图 2.6

图 2.7

图 2.8

图 2.9

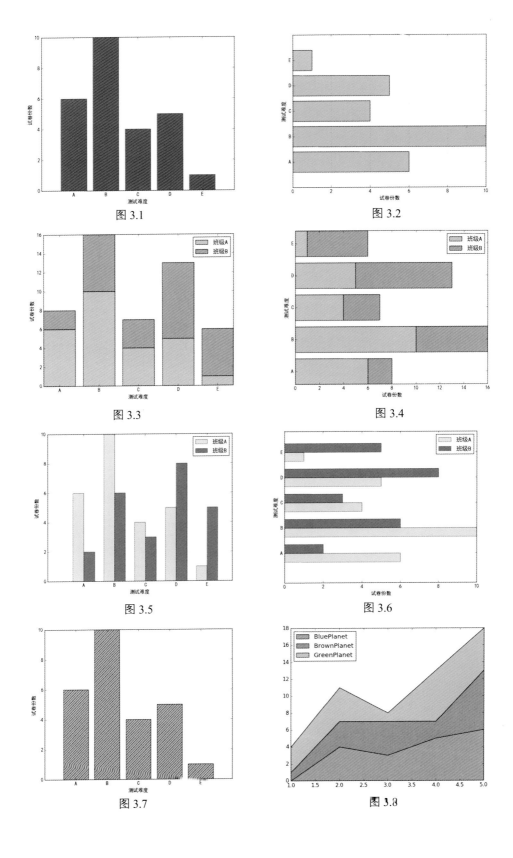

图 3.1

图 3.2

图 3.3

图 3.4

图 3.5

图 3.6

图 3.7

图 3.8

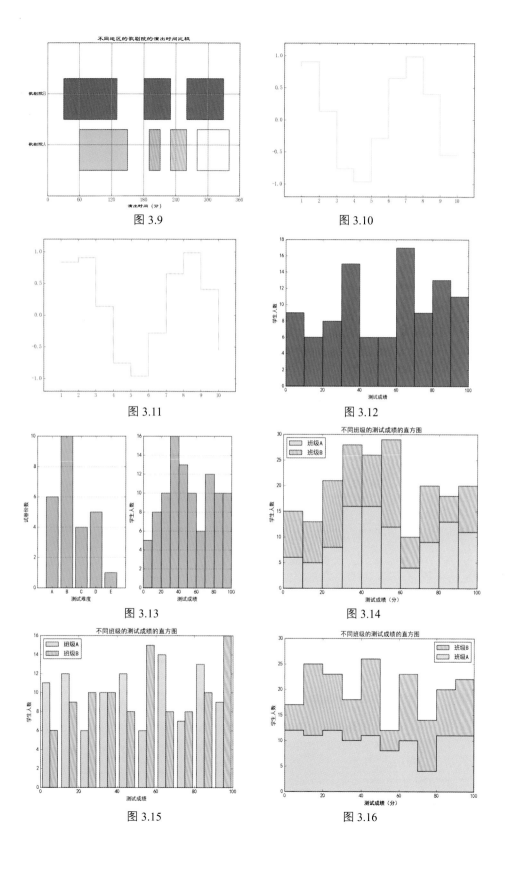

图 3.9

图 3.10

图 3.11

图 3.12

图 3.13

图 3.14

图 3.15

图 3.16

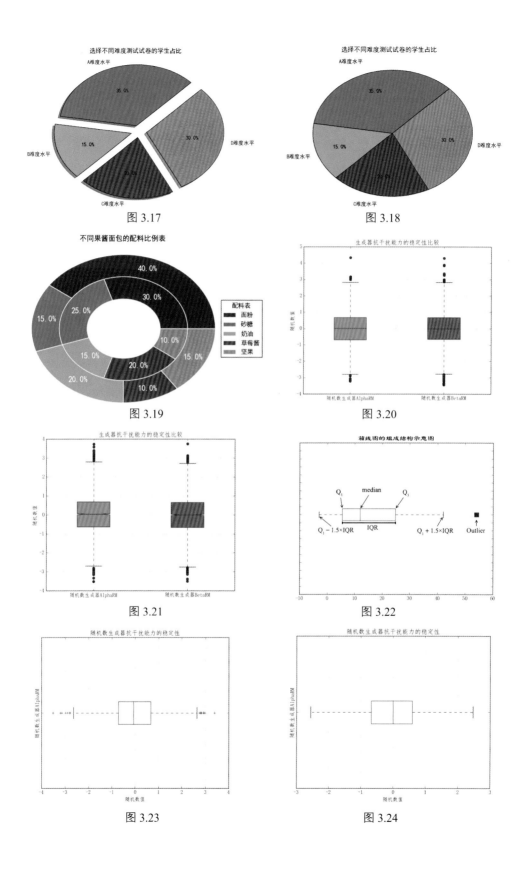

图 3.17

图 3.18

图 3.19

图 3.20

图 3.21

图 3.22

图 3.23

图 3.24

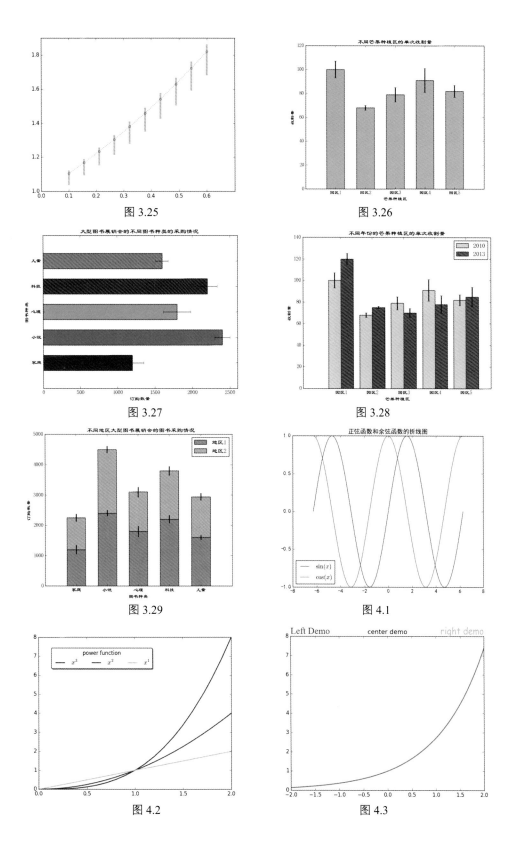

图 3.25

图 3.26

图 3.27

图 3.28

图 3.29

图 4.1

图 4.2

图 4.3

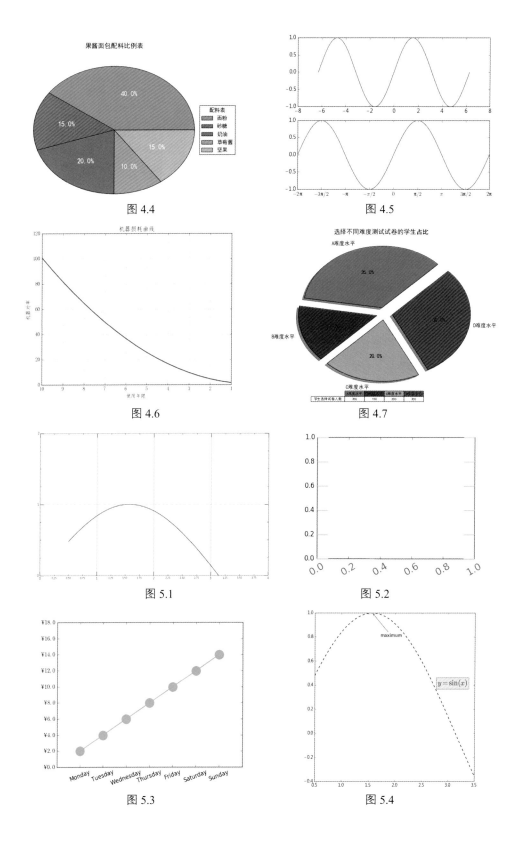

图 4.4

图 4.5

图 4.6

图 4.7

图 5.1

图 5.2

图 5.3

图 5.4

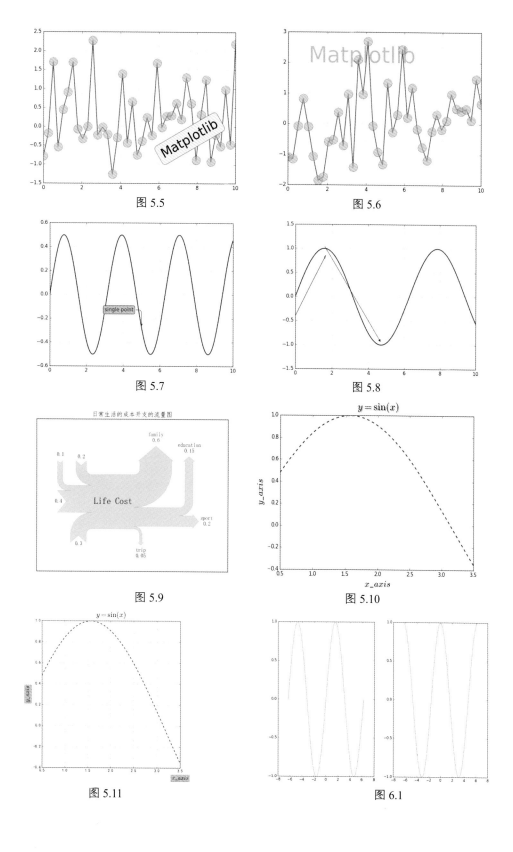

图 5.5

图 5.6

图 5.7

图 5.8

图 5.9

图 5.10

图 5.11

图 6.1

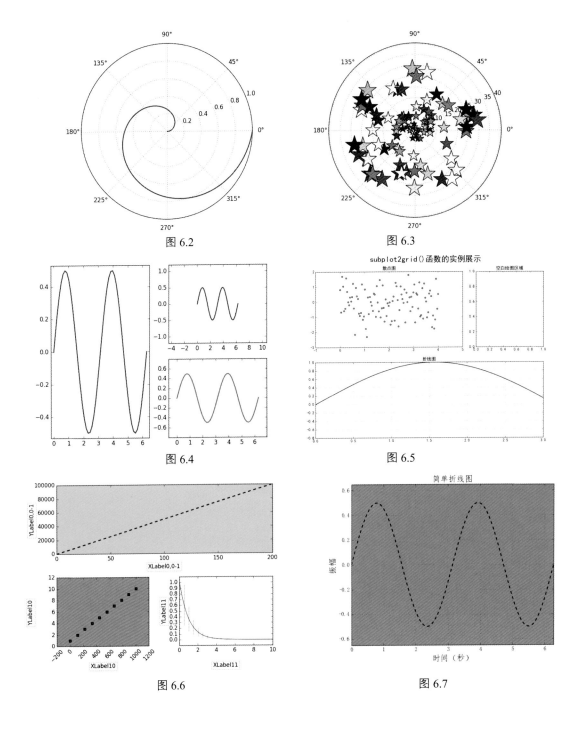

图 6.2

图 6.3

图 6.4

图 6.5

图 6.6

图 6.7

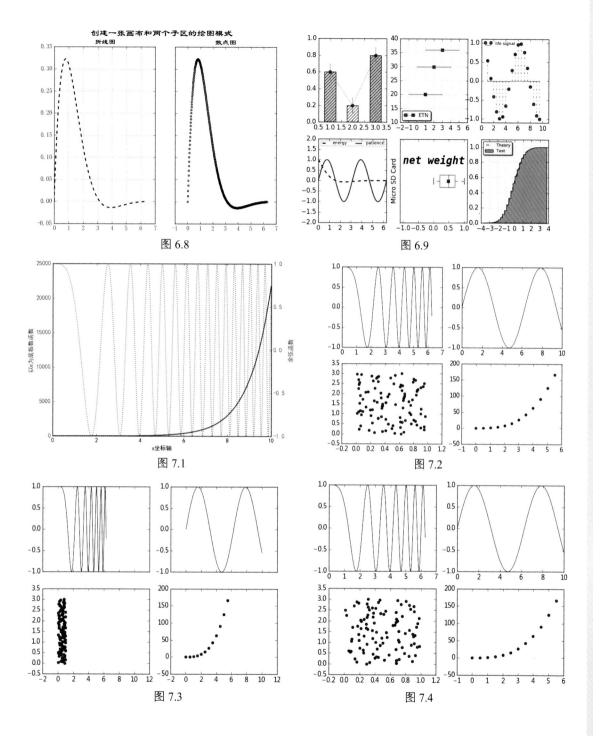

图 6.8

图 6.9

图 7.1

图 7.2

图 7.3

图 7.4

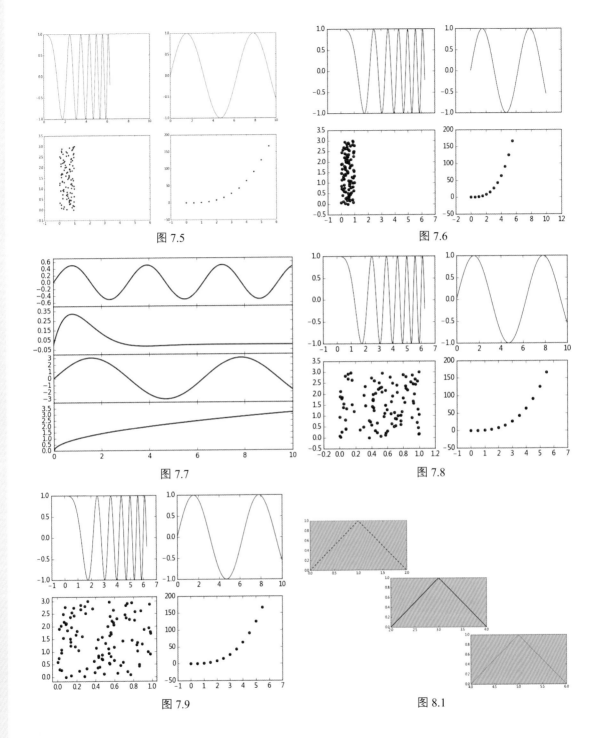

图 7.5

图 7.6

图 7.7

图 7.8

图 7.9

图 8.1

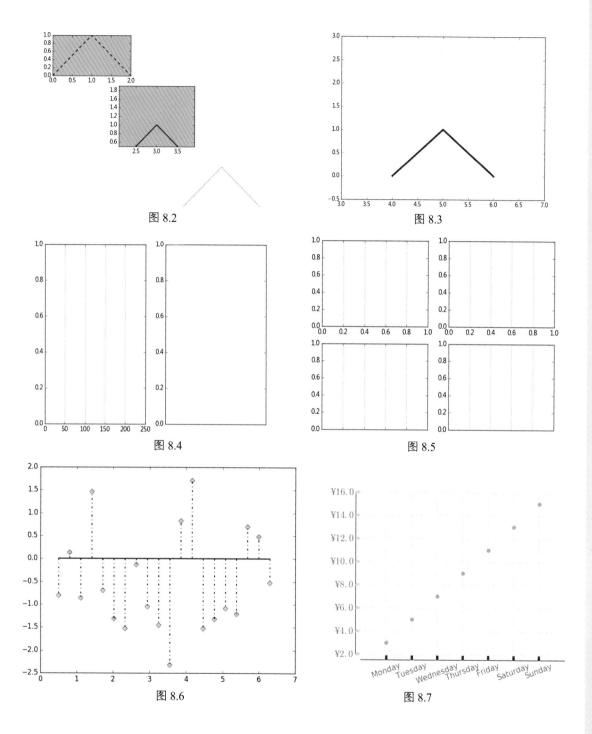

图 8.2

图 8.3

图 8.4

图 8.5

图 8.6

图 8.7

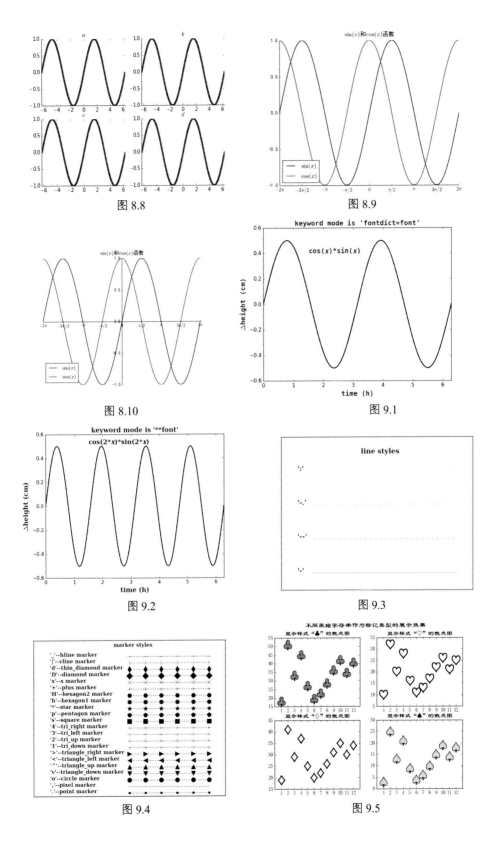

图 8.8

图 8.9

图 8.10

图 9.1

图 9.2

图 9.3

图 9.4

图 9.5

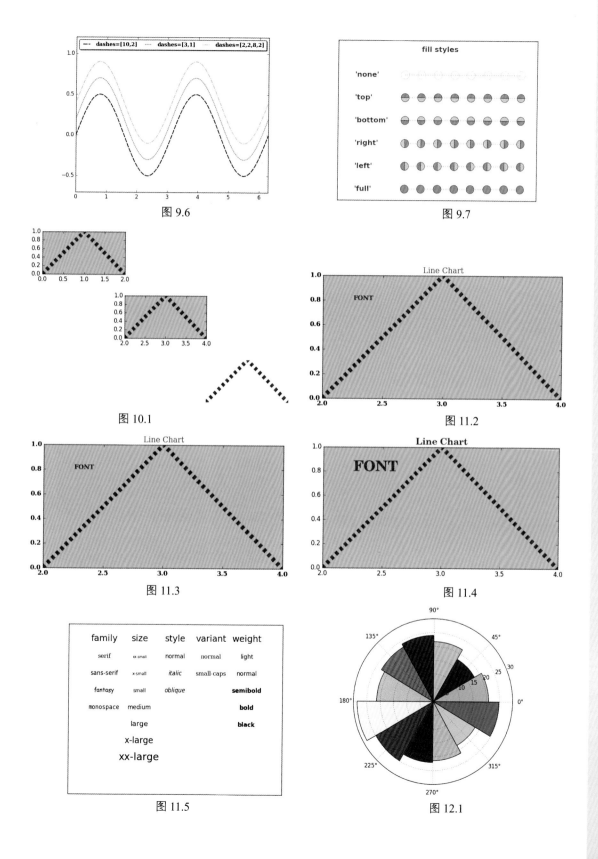

图 9.6

图 9.7

图 10.1

图 11.2

图 11.3

图 11.4

图 11.5

图 12.1

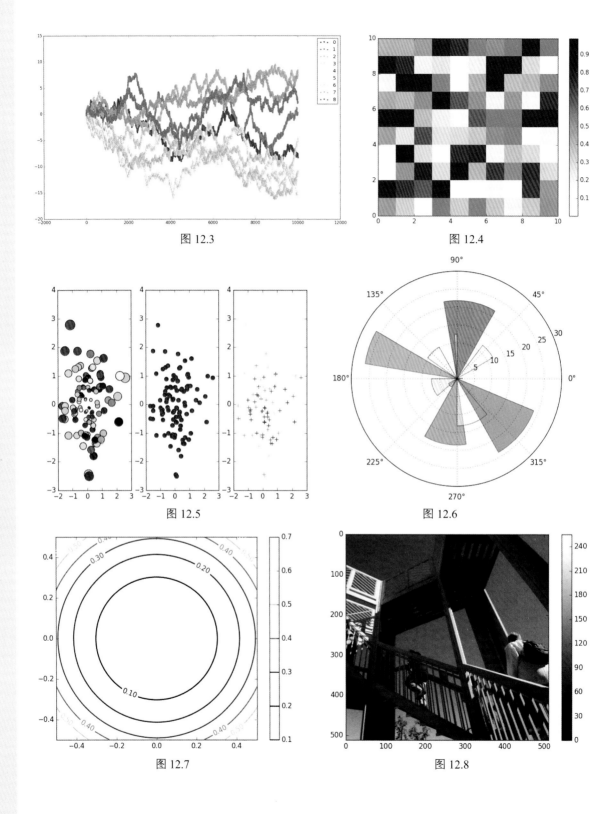

图 12.3

图 12.4

图 12.5

图 12.6

图 12.7

图 12.8

· 数据分析从入门到实战系列 ·

Python数据可视化之
matplotlib
实践

刘大成 / 著

电子工业出版社·
Publishing House of Electronics Industry
北京·BEIJING

内 容 简 介

本书借助 matplotlib 讲解开展 Python 数据可视化实践所需要掌握的关键知识和技能。本书主要由 matplotlib 入门、精进、演练和拓展四部分组成。同时，为方便读者对书中的内容进行有效实践，相关章节都会配以大量典型的案例。书中使用的代码只涉及了 Python 中的基础知识，有利于读者将时间和精力放在数据可视化的实践本身。

未经许可，不得以任何方式复制或抄袭本书之部分或全部内容。

版权所有，侵权必究。

图书在版编目（CIP）数据

Python 数据可视化之 matplotlib 实践 / 刘大成著. —北京：电子工业出版社，2018.9
（数据分析从入门到实战系列）
ISBN 978-7-121-34888-4

Ⅰ. ①P… Ⅱ. ①刘… Ⅲ. ①软件工具—程序设计Ⅳ. ①TP311.561

中国版本图书馆 CIP 数据核字(2018)第 185861 号

策划编辑：石　倩
责任编辑：石　倩　　特约编辑：顾慧芳
印　　刷：三河市良远印务有限公司
装　　订：三河市良远印务有限公司
出版发行：电子工业出版社
　　　　　北京市海淀区万寿路 173 信箱　　邮编 100036
开　　本：787×980　　1/16　　印张：14.25　　字数：371 千字　　彩插：8
版　　次：2018 年 9 月第 1 版
印　　次：2023 年 1 月第 18 次印刷
定　　价：59.00 元

前　言

通过本书的学习,读者可以根据自身需求灵活使用 matplotlib 中的绘图语句,设置图表组成元素,以及进行泛化性的图形设置。值得注意的是,matplotlib 绘图库的操作是通过 API 实现的,一种操作方法是类似 MATLAB 的函数接口的 API;另一种操作方法是面向对象的 API。这两种 API 可以并行使用,不过函数接口的 API 的易用性明显好于面向对象的 API。所以,本书入门篇主要使用函数接口的 API,精进和演练篇主要使用面向对象的 API。

本书主要内容

第 1 篇　使用 matplotlib 库绘制基本统计图形,讲解 matplotlib 库的图表组成元素的概念和实现方法,介绍细化 matplotlib 库的图形内容的基本操作方法。

第 2 篇　设置坐标轴的刻度样式,添加不同形式的注解,划分绘图区域,设置共享绘图区域的坐标轴。

第 3 篇　主要围绕数据可视化的主要展示窗口—坐标轴,来探讨相关话题,包括设置坐标轴的位置、控制坐标轴刻度显示的方法及移动坐标轴位置等话题。

第 4 篇　从通识和泛化的角度,探讨进行 Python 数据可视化需要使用的知识和技术,包括修改 matplotlib 的配置,设置文本属性,使用不同形式的配色模式,以及展示和保存图形。

读者对象

如果读者了解一些 Python 的基础编程知识,那是最好不过的事情了,但是如果不了解也没有关系,因为书中的 Python 代码都是非常易读的,而且重点代码也都会逐一细致地进行解释。与此同时,书中在必要的章节会介绍统计学的相关概念和计算方法,方便读者将宝贵的时间和精力放在数据可视化的实践本身。

你可以是第一次接触数据可视化的人员,甚至是没有任何 MATLAB 或类似使用统计分析软件的应用经验的人员;你也可以是对 Python 有基本了解的运营人员、数据分析师、大数据工程师、机器学习工程师、数据挖掘工程师,甚至是人工智能专家、运维工程师、软件测试人员,以及对 Python 数据可视化有兴趣的各行业的读者。

本书特色

本书在列举大量 Python 数据可视化案例的过程中,将重点放在 Python 数据可视化思路、Python

数据可视化技术和方法的探讨上，使读者通过阅读本书，能够在自己的实际工作和学习中灵活应用，并解决现实的 Python 数据可视化问题，而不是拘泥于书中的案例和方法，从而实现"授之以渔"的学习效果。

阅读建议

本书的示例代码都比较简单易懂，而且代码量都很小，因而我没有将代码放在 GitHub 或相关可以下载示例代码的平台上，目的就是希望读者可以独立敲入完整代码，真正动手实践书中讲过的每一个示例，探索每一个示例，通过动手实践的方式，既能掌握 Python 数据可视化的编程知识，又能领会 matplotlib 的精髓，实现在做中学、在学中练的目标。正像苏轼的诗句中所言的"竹外桃花三两枝，春江水暖鸭先知。"之所以给读者这样的建议，目的就是让读者主动探索和掌握绘制图表的实现方法。

本书的示例代码都是基于 Python 3.6、matplotlib 1.5.3、NumPy 1.15.4 和 IPython 5.1.0 实现的。**同时，也考虑了使用 Python 2 的读者。无论是在 Python 2 还是在 Python 3 的环境下，对于使用 matplotlib 2.0.0 及以上版本的读者而言，只需要将示例代码中的关键字参数 axis_bgcolor 和 axisbg 变更为 facecolor，就能在 Python 2 和 Python 3 的环境下运行。对于使用 matplotlib 2.0.0 以下版本的读者而言，无论是在 Python 2 还是在 Python 3 的环境下，示例代码都不需要做任何变更。需要注意的是，使用图形编号对应示例代码的位置，需要做示例代码变更的位置有：图 6.6，图 6.7，图 8.1，图 8.2，图 9.6，图 10.1，图 11.2，图 11.3，图 11.4。**

联系与反馈

由于本人的学识和能力有限，书中存在纰漏之处在所难免，欢迎广大读者针对书中的错误、阅读体会和建议等给予反馈。如果你对 matplotlib 也有自己的见解和研究兴趣，欢迎与我联系。请将反馈信息发送到电子邮箱 pdmp100@163.com 中。

致谢

谈到本书的出版，还要从读研究生时讲起，那时候我就一直有写书的想法，但当时由于阅历和技能都很不成熟，就暂时放下了。毕业之后，我一直从事数据分析、机器学习方面的工作，随着工作经验的积累，也逐渐找到自己的研究兴趣。机缘巧合的是，这段时间恰好有精力可以完成自己的这个梦想。

在写作本书的过程中，我得到了很多人的帮助和支持。首先，要感谢我的父母，在求学和工作的过程中一直做我的坚强后盾，我也一直自豪于生活在"生产性的简朴蜂巢"中。再有，在本书的编辑过程中，得到电子工业出版社石倩编辑耐心、细致的帮助和指导，让我获益良多。最后，要感谢我的妻子一直以来对我工作的理解和支持，而且也要感谢我的朋友和同事对我的成长所给予的关心和帮助。

不忘初心，坚定前行，时间会给你所想的一切。

目　　录

第 2 篇　精进

第 3 篇　演练

第 1 篇

入门

matplotlib 库是 Python 中绘制二维、三维图表的数据可视化工具。它的主要特点如下。

- 使用简单绘图语句实现复杂绘图效果；
- 以交互式操作实现渐趋精细的图形效果；
- 使用嵌入式的 LaTeX 输出具有印刷级别的图表、科学表达式和符号文本；
- 对图表的组成元素实现精细化控制。

接下来就让我们带着好奇心走进 matplotlib 的数据可视化世界吧。

第**1**章

使用函数绘制 matplotlib 的图表组成元素

1.1 绘制 matplotlib 图表组成元素的主要函数

首先，我们来了解一下 matplotlib 是如何组织内容的。在一个图形输出窗口中，底层是一个 Figure 实例，我们通常称之为画布，包含一些可见和不可见的元素。

在画布上，自然是图形，这些图形就是 Axes 实例，Axes 实例几乎包含了我们要介绍的 matplotlib 组成元素，例如坐标轴、刻度、标签、线和标记等。Axes 实例有 x 轴和 y 轴属性，也就是可以使用 Axes.xaxis 和 Axes.yaxis 来控制 x 轴和 y 轴的相关组成元素，例如刻度线、刻度标签、刻度线定位器和刻度标签格式器。

这么多组成元素该如何操作呢？很幸运，matplotlib 为我们准备了快速入门通道，那就是 matplotlib.pyplot 模块的 API，通过调用 API 中的函数，我们就可以快速了解应该如何绘制这些组成元素了，例如 matplotlib.pyplot.xlim() 和 matplotlib.pyplot.ylim() 就是控制 x 轴和 y 轴的数值显示范围。下面，我们就用图 1.1 来初识绘制 matplotlib 的图表组成元素的主要函数。

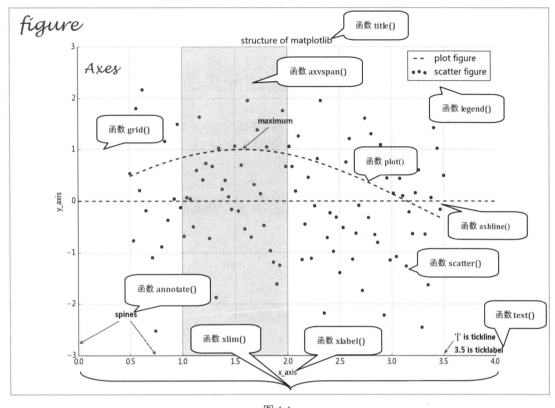

图 1.1

　　本章我们以图 1.1 为讲解切入点，从这些函数的**函数功能**、**调用签名**、**参数说明**和**调用展示**四个方面来全面阐述 API 函数的使用方法和技术细节。帮助读者初步了解 matplotlib。

1.2　准备数据

　　我们导入第三方包 NumPy 和快速绘图模块 pyplot，其中科学计算包 NumPy 是 matplotlib 库的基础，也就是说，matplotlib 库是建立在 NumPy 基础之上的 Python 绘图库。图 1.1 的数据生成代码实现如下：

```
import matplotlib.pyplot as plt
import numpy as np
```

　　现在，我们就可以定义一些完成绘制图 1.1 所需要的数据了，代码如下：

```
x = np.linspace(0.5,3.5,100)
y = np.sin(x)
y1 = np.random.randn(100)
```

其中，函数 linspace(0.5,3.5,100)是表示在 0.5 至 3.5 之间均匀地取 100 个数，函数 randn(100)表示在标准正态分布中随机地取 100 个数。

1.3 绘制 matplotlib 图表组成元素的函数用法

下面我们用函数的形式学习绘图，反过来，再用绘图来认识函数。需要注意的是，下面函数中的位置参数用参数名称本身进行调用签名的讲解，关键字参数用图 1.1 中的实际图形展示样式进行调用签名的说明。

1.3.1 函数 plot()——展现变量的趋势变化

函数功能：展现变量的趋势变化。

调用签名：plt.plot(x,y,ls="-",lw=2,label="plot figure")

参数说明

- x：*x* 轴上的数值。
- y：*y* 轴上的数值。
- ls：折线图的线条风格。
- lw：折线图的线条宽度。
- label：标记图形内容的标签文本。

调用展示

（1）代码实现

```
import matplotlib.pyplot as plt
import numpy as np

x = np.linspace(0.05,10,1000)
y = np.cos(x)

plt.plot(x,y,ls="-",lw=2,label="plot figure")

plt.legend()

plt.show()
```

（2）运行结果

运行结果如图 1.2 所示。

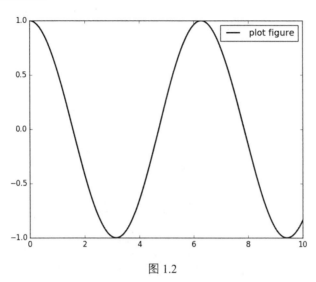

图 1.2

1.3.2　函数 scatter()——寻找变量之间的关系

函数功能：寻找变量之间的关系。

调用签名：plt.scatter(x,y1,c="b",label="scatter figure")

参数说明

- x：x 轴上的数值。
- y：y 轴上的数值。
- c：散点图中的标记的颜色。
- label：标记图形内容的标签文本。

调用展示

（1）代码实现

```
import matplotlib.pyplot as plt
import numpy as np


x = np.linspace(0.05,10,1000)
y = np.random.rand(1000)
```

```
plt.scatter(x,y,label="scatter figure")

plt.legend()

plt.show()
```

（2）运行结果

运行结果如图 1.3 所示。

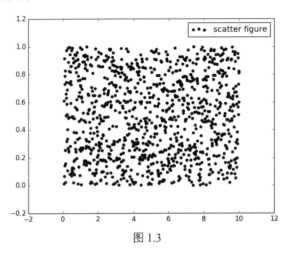

图 1.3

1.3.3 函数 xlim()——设置 x 轴的数值显示范围

函数功能：设置 x 轴的数值显示范围。

调用签名：plt.xlim(xmin,xmax)

参数说明

- xmin：x 轴上的最小值。

- xmax：x 轴上的最大值。

- 平移性：上面的函数功能，调用签名和参数说明同样可以平移到函数 ylim() 上。

调用展示

（1）代码实现

```
import matplotlib.pyplot as plt
import numpy as np
```

```
x = np.linspace(0.05,10,1000)
y = np.random.rand(1000)

plt.scatter(x,y,label="scatter figure")

plt.legend()

plt.xlim(0.05,10)
plt.ylim(0,1)

plt.show()
```

（2）运行结果

运行结果如图 1.4 所示。

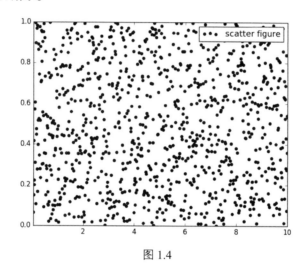

图 1.4

1.3.4　函数 xlabel()——设置 x 轴的标签文本

函数功能：设置 x 轴的标签文本。

调用签名：plt.xlabel(string)

参数说明

- string：标签文本内容。
- 平移性：上面的函数功能，调用签名和参数说明同样可以平移到函数 ylabel() 上。

调用展示

7

（1）代码实现

```python
import matplotlib.pyplot as plt
import numpy as np

x = np.linspace(0.05,10,1000)
y = np.sin(x)

plt.plot(x,y,ls="-.",lw=2,c="c",label="plot figure")

plt.legend()

plt.xlabel("x-axis")
plt.ylabel("y-axis")

plt.show()
```

（2）运行结果

运行结果如图 1.5 所示。

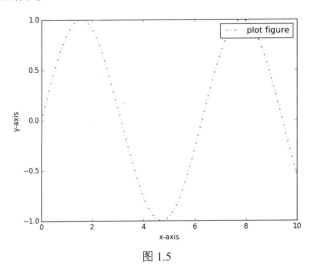

图 1.5

1.3.5　函数 grid()——绘制刻度线的网格线

函数功能：绘制刻度线的网格线。

调用签名：plt.grid(linestyle=":",color="r")

参数说明

- linestyle：网格线的线条风格。
- color：网格线的线条颜色。

调用展示

（1）代码实现

```
import matplotlib.pyplot as plt
import numpy as np

x = np.linspace(0.05,10,1000)
y = np.sin(x)

plt.plot(x,y,ls="-.",lw=2,c="c",label="plot figure")

plt.legend()

plt.grid(linestyle=":",color="r")

plt.show()
```

（2）运行结果

运行结果如图 1.6 所示。

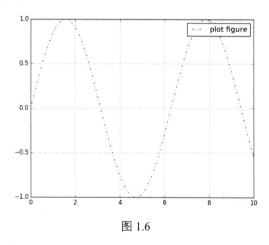

图 1.6

1.3.6　函数 axhline()——绘制平行于 *x* 轴的水平参考线

函数功能：绘制平行于 *x* 轴的水平参考线。

调用签名：plt.axhline(y=0.0,c="r",ls="--",lw=2)

参数说明

- y：水平参考线的出发点。
- c：参考线的线条颜色。
- ls：参考线的线条风格。
- lw：参考线的线条宽度。
- 平移性：上面的函数功能，调用签名和参数说明同样可以平移到函数 axvline() 上。

调用展示

（1）代码实现

```python
import matplotlib.pyplot as plt
import numpy as np

x = np.linspace(0.05,10,1000)
y = np.sin(x)

plt.plot(x,y,ls="-.",lw=2,c="c",label="plot figure")

plt.legend()

plt.axhline(y=0.0,c="r",ls="--",lw=2)
plt.axvline(x=4.0,c="r",ls="--",lw=2)

plt.show()
```

（2）运行结果

运行结果如图 1.7 所示。

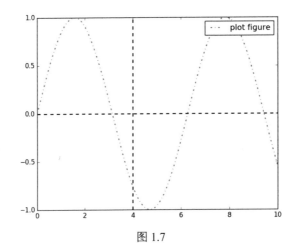

图 1.7

1.3.7 函数 axvspan()——绘制垂直于 x 轴的参考区域

函数功能：绘制垂直于 x 轴的参考区域。

调用签名：plt.axvspan(xmin=1.0,xmax=2.0,facecolor="y",alpha=0.3)。

参数说明

- xmin：参考区域的起始位置。
- xmax：参考区域的终止位置。
- facecolor：参考区域的填充颜色。
- alpha：参考区域的填充颜色的透明度。
- 平移性：上面的函数功能、调用签名和参数说明可以平移到函数 axhspan() 上。

调用展示

（1）代码实现

```
import matplotlib.pyplot as plt
import numpy as np

x = np.linspace(0.05,10,1000)
y = np.sin(x)

plt.plot(x,y,ls="-.",lw=2,c="c",label="plot figure")

plt.legend()

plt.axvspan(xmin=4.0,xmax=6.0,facecolor="y",alpha=0.3)
plt.axhspan(ymin=0.0,ymax=0.5,facecolor="y",alpha=0.3)

plt.show()
```

（2）运行结果

运行结果如图 1.8 所示。

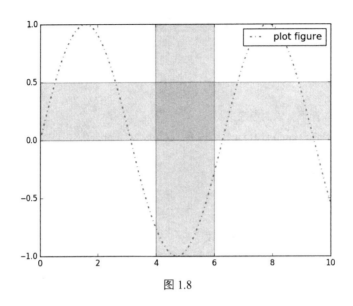

图 1.8

1.3.8 函数 annotate()——添加图形内容细节的指向型注释文本

函数功能：添加图形内容细节的指向型注释文本。

调用签名：plt.annotate(string,xy=(np.pi/2,1.0),xytext=((np.pi/2)+0.15,1.5),weight="bold", color="b", arrowprops=dict(arrowstyle="->",connectionstyle="arc3",color="b"))。

参数说明

- string：图形内容的注释文本。
- xy：被注释图形内容的位置坐标。
- xytext：注释文本的位置坐标。
- weight：注释文本的字体粗细风格。
- color：注释文本的字体颜色。
- arrowprops：指示被注释内容的箭头的属性字典。

调用展示

（1）代码实现

```
import matplotlib.pyplot as plt
import numpy as np

x = np.linspace(0.05,10,1000)
```

```
    y = np.sin(x)

    plt.plot(x,y,ls="-.",lw=2,c="c",label="plot figure")

    plt.legend()

    plt.annotate("maximum",
                 xy=(np.pi/2,1.0),
                 xytext=((np.pi/2)+1.0,.8),
                 weight="bold",
                 color="b",
                 arrowprops
=dict(arrowstyle="->",connectionstyle="arc3",color="b"))

    plt.show()
```

（2）运行结果

运行结果如图 1.9 所示。

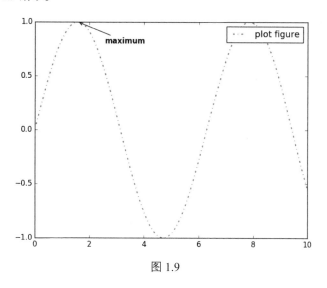

图 1.9

1.3.9　函数 text()——添加图形内容细节的无指向型注释文本

函数功能：添加图形内容细节的无指向型注释文本。

调用签名：plt.text(x,y,string,weight="bold",color="b")。

参数说明

- x：注释文本内容所在位置的横坐标。
- y：注释文本内容所在位置的纵坐标。
- string：注释文本内容。
- weight：注释文本内容的粗细风格。
- color：注释文本内容的字体颜色。

调用展示

（1）代码实现

```python
import matplotlib.pyplot as plt
import numpy as np

x = np.linspace(0.05,10,1000)
y = np.sin(x)

plt.plot(x,y,ls="-.",lw=2,c="c",label="plot figure")

plt.legend()

plt.text(3.10,0.09,"y=sin(x)",weight="bold",color="b")

plt.show()
```

（2）运行结果

运行结果如图 1.10 所示。

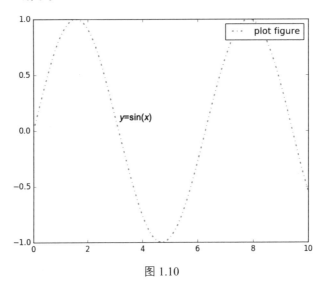

图 1.10

1.3.10　函数 title()——添加图形内容的标题

函数功能：添加图形内容的标题。

调用签名：plt.title(string)。

参数说明

- string：图形内容的标题文本。

调用展示

（1）代码实现

```python
import matplotlib.pyplot as plt
import numpy as np

x = np.linspace(0.05,10,1000)
y = np.sin(x)

plt.plot(x,y,ls="-.",lw=2,c="c",label="plot figure")

plt.legend()

plt.title("y=sin(x)")

plt.show()
```

（2）运行结果

运行结果如图 1.11 所示。

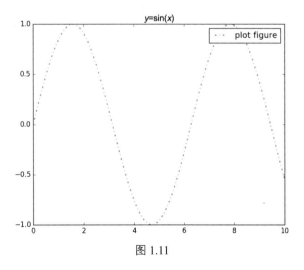

图 1.11

1.3.11　函数 legend()——标示不同图形的文本标签图例

函数功能：标示不同图形的文本标签图例。

调用签名：plt.legend(loc="lower left")。

参数说明

- loc：图例在图中的地理位置。

调用展示

（1）代码实现

```python
import matplotlib.pyplot as plt
import numpy as np

x = np.linspace(0.05,10,1000)
y = np.sin(x)

plt.plot(x,y,ls="-.",lw=2,c="c",label="plot figure")

plt.legend(loc="lower left")

plt.show()
```

（2）运行结果

运行结果如图 1.12 所示。

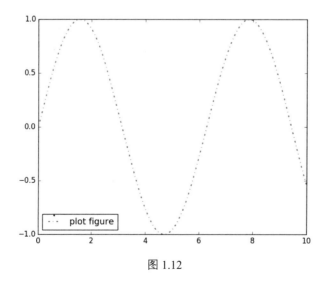

图 1.12

1.4　函数组合应用

　　1.3 节将绘制图 1.1 的重要组成元素的函数从函数功能、调用签名、参数说明和调用展示等方面讲解使用方法，进一步，在调用展示中又通过代码实现和运行结果两方面详细解释了绘制这些组成元素的函数的使用方法。因此，通过这些函数的多维度学习，读者基本可以将图 1.1 中的内容很好地复现出来，接下来，就让我们看看绘制图 1.1 的源代码，如下所示。

```python
import matplotlib.pyplot as plt
import numpy as np

from matplotlib import cm as cm

# define data
x = np.linspace(0.5,3.5,100)
y = np.sin(x)
y1 = np.random.randn(100)

# scatter figure
plt.scatter(x,y1,c="0.25",label="scatter figure")

# plot figure
plt.plot(x,y,ls="--",lw=2,label="plot figure")

# some clean up(removing chartjunk)
# turn the top spine and the right spine off
for spine in plt.gca().spines.keys():
    if spine == "top" or spine == "right":
        plt.gca().spines[spine].set_color("none")

# turn bottom tick for x-axis on
plt.gca().xaxis.set_ticks_position("bottom")
# set tick_line position of bottom

# turn left ticks for y-axis on
plt.gca().yaxis.set_ticks_position("left")
# set tick_line position of left

# set x,yaxis limit
plt.xlim(0.0,4.0)
plt.ylim(-3.0,3.0)
```

```python
    # set axes labels
    plt.ylabel("y_axis")
    plt.xlabel("x_axis")

    # set x,yaxis grid
    plt.grid(True,ls=":",color="r")

    # add a horizontal line across the axis
    plt.axhline(y=0.0,c="r",ls="--",lw=2)

    # add a vertical span across the axis
    plt.axvspan(xmin=1.0,xmax=2.0,facecolor="y",alpha=.3)

    #set annotating info
    plt.annotate("maximum",xy=(np.pi/2,1.0),
            xytext=((np.pi/2)+0.15,1.5),weight="bold",color="r",

arrowprops=dict(arrowstyle="->",connectionstyle="arc3",color="r"))

    plt.annotate("spines",xy=(0.75,-3),
            xytext=(0.35,-2.25),weight="bold",color="b",

arrowprops=dict(arrowstyle="->",connectionstyle="arc3",color="b"))

    plt.annotate("",xy=(0,-2.78),
            xytext=(0.4,-2.32),

arrowprops=dict(arrowstyle="->",connectionstyle="arc3",color="b"))

    plt.annotate("",xy=(3.5,-2.98),
            xytext=(3.6,-2.70),

arrowprops=dict(arrowstyle="->",connectionstyle="arc3",color="b"))

    # set text info
    plt.text(3.6,-2.70,"'|' is tickline",weight="bold",color="b")
    plt.text(3.6,-2.95,"3.5 is ticklabel",weight="bold",color="b")

    # set title
    plt.title("structure of matplotlib")

    # set legend
    plt.legend()
```

```
plt.show()
```

　　在上面的源代码中，除了用线框圈起来的部分我没有阐述，其余部分都已经介绍过了，线框部分会在接下来的章节中详细给大家讲解。现在，读者就动手输入上面的代码，看看输出结果是什么样的？能否感受到 matplotlib 绘图的精细与精美？

第 2 章

使用统计函数绘制简单图形

在 1.3 节中，我们介绍了属于统计图形范围的折线图和散点图。接下来会讲解一些大家比较熟悉却又经常混淆的统计图形，掌握这些统计图形可以让读者对数据可视化有一个深入理解，并正确使用。

我们从基础统计图形函数的功能、调用签名、参数说明和调用展示四个层面来讲解统计函数的使用方法和参数概念，以此帮助读者建立对 Python 数据可视化的直观认识，培养读者对 matplotlib 实践的探索兴趣和应用信心。

2.1 函数 bar()——用于绘制柱状图

函数功能：在 x 轴上绘制定性数据的分布特征。

调用签名：plt.bar(x,y)。

参数说明

- x：标示在 x 轴上的定性数据的类别。
- y：每种定性数据的类别的数量。

调用展示

（1）代码实现

```
# -*- coding:utf-8 -*-

import matplotlib as mpl
import matplotlib.pyplot as plt

mpl.rcParams["font.sans-serif"]=["SimHei"]
mpl.rcParams["axes.unicode_minus"]=False

# some simple data
x = [1,2,3,4,5,6,7,8]
y = [3,1,4,5,8,9,7,2]

# create bar
plt.bar(x,y,align="center",color="c",tick_label=["q","a","c","e","r","j"
,"b","p"],hatch="/")

# set x,y_axis label
plt.xlabel("箱子编号")
plt.ylabel("箱子重量（kg）")

plt.show()
```

（2）运行结果

运行结果如图 2.1 所示。

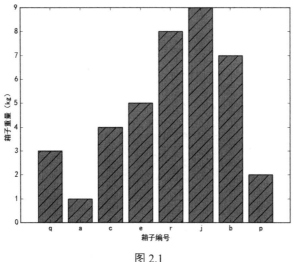

图 2.1

2.2 函数 barh()——用于绘制条形图

函数功能：在 y 轴上绘制定性数据的分布特征。

调用签名：plt.barh(x,y)。

参数说明

- x：标示在 y 轴上的定型数据的类别。
- y：每种定性数据的类别的数量。

调用展示

（1）代码实现

```python
# -*- coding:utf-8 -*-

import matplotlib as mpl
import matplotlib.pyplot as plt

mpl.rcParams["font.sans-serif"]=["SimHei"]
mpl.rcParams["axes.unicode_minus"]=False

# some simple data
x = [1,2,3,4,5,6,7,8]
y = [3,1,4,5,8,9,7,2]

# create bar
plt.barh(x,y,align="center",color="c",tick_label=["q","a","c","e","r","j","b","p"],hatch="/")

# set x,y axis label
plt.xlabel("箱子重量（kg）")
plt.ylabel("箱子编号")

plt.show()
```

（2）运行结果

运行结果如图 2.2 所示。

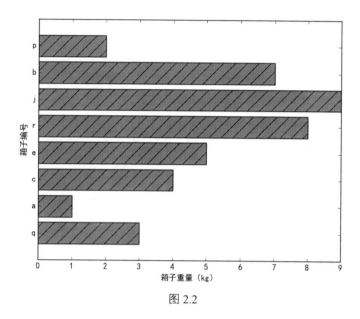

图 2.2

2.3 函数 hist()——用于绘制直方图

函数功能：在 x 轴上绘制定量数据的分布特征。

调用签名：plt.hist(x)。

参数说明

- x：在 x 轴上绘制箱体的定量数据输入值。

调用展示

（1）代码实现

```
# -*- coding:utf-8 -*-

import matplotlib as mpl

mpl.rcParams["font.sans-serif"]=["SimHei"]
mpl.rcParams["axes.unicode_minus"]=False

import matplotlib.pyplot as plt
import numpy as np
```

```
# set test scores
boxWeight = np.random.randint(0,10,100)

x = boxWeight

# plot histogram
bins = range(0,11,1)

plt.hist(x,bins=bins,
        color="g",
        histtype="bar",
        rwidth=1,
        alpha=0.6)

# set x,y-axis label
plt.xlabel("箱子重量（kg）")
plt.ylabel("销售数量（个）")

plt.show()
```

（2）运行结果

运行结果如图 2.3 所示。

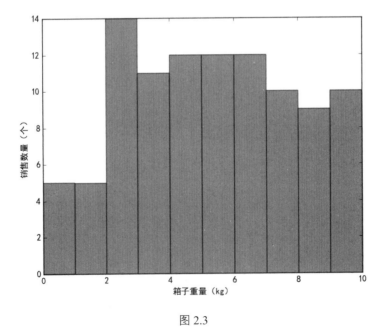

图 2.3

2.4 函数 pie()——用于绘制饼图

函数功能：绘制定性数据的不同类别的百分比。

调用签名：plt.pie(x)。

参数说明

- x：定性数据的不同类别的百分比。

调用展示

（1）代码实现

```
# -*- coding:utf-8 -*-

import matplotlib as mpl
import matplotlib.pyplot as plt

mpl.rcParams["font.sans-serif"]=["SimHei"]
mpl.rcParams["axes.unicode_minus"]=False

kinds = "简易箱","保温箱","行李箱","密封箱"

colors = ["#e41a1c","#377eb8","#4daf4a","#984ea3"]

soldNums = [0.05,0.45,0.15,0.35]

#pie chart
plt.pie(soldNums,
        labels=kinds,
        autopct="%3.1f%%",
        startangle=60,
        colors=colors)

plt.title("不同类型箱子的销售数量占比")

plt.show()
```

（2）运行结果

运行结果如图 2.4 所示。

不同类型箱子的销售数量占比

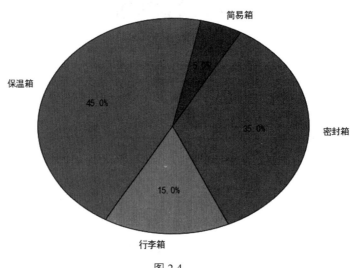

图 2.4

2.5 函数 polar()——用于绘制极线图

函数功能：在极坐标轴上绘制折线图。

调用签名：plt.polar(theta,r)。

参数说明

- theta：每个标记所在射线与极径的夹角。
- r：每个标记到原点的距离。

调用展示

（1）代码实现

```
import matplotlib.pyplot as plt
import numpy as np


barSlices = 12


theta = np.linspace(0.0, 2*np.pi, barSlices, endpoint=False)
r = 30*np.random.rand(barSlices)
```

```
plt.polar(theta,r,
          color="chartreuse",
          linewidth=2,
          marker="*",
          mfc="b",
          ms=10)


plt.show()
```

（2）运行结果

运行结果如图 2.5 所示。

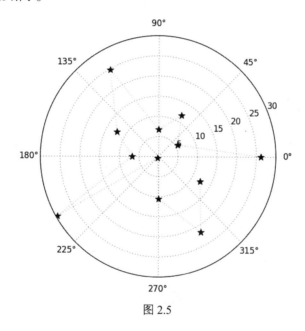

图 2.5

2.6 函数 scatter()——用于绘制气泡图

函数功能：二维数据借助气泡大小展示三维数据。

调用签名：plt.scatter(x,y)。

参数说明

- x：*x* 轴上的数值。

- y：y 轴上的数值。
- s：散点标记的大小。
- c：散点标记的颜色。
- cmap：将浮点数映射成颜色的颜色映射表。

调用展示

（1）代码实现

```python
import matplotlib.pyplot as plt
import matplotlib as mpl
import numpy as np


a = np.random.randn(100)
b = np.random.randn(100)


# colormap:RdYlBu
plt.scatter(a,b,s=np.power(10*a+20*b,2),
        c=np.random.rand(100),
        cmap=mpl.cm.RdYlBu,
        marker="o")

plt.show()
```

（2）运行结果

运行结果如图 2.6 所示。

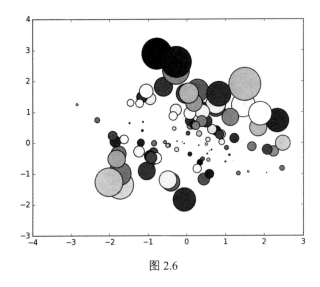

图 2.6

2.7 函数 stem()——用于绘制棉棒图

函数功能：绘制离散有序数据。

调用签名：plt.stem(x,y)。

参数说明

- x：指定棉棒的 x 轴基线上的位置。
- y：绘制棉棒的长度。
- linefmt：棉棒的样式。
- markerfmt：棉棒末端的样式。
- basefmt：指定基线的样式。

调用展示

（1）代码实现

```python
import matplotlib.pyplot as plt
import numpy as np

x = np.linspace(0.5,2*np.pi,20)
y = np.random.randn(20)

plt.stem(x,y,linefmt="-.",markerfmt="o",basefmt="-")

plt.show()
```

（2）运行结果

运行结果如图 2.7 所示。

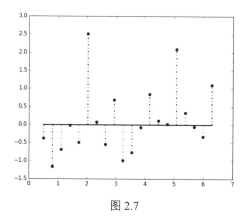

图 2.7

2.8 函数 boxplot()——用于绘制箱线图

函数功能：绘制箱线图。

调用签名：plt.boxplot(x)。

参数说明

- x：绘制箱线图的输入数据。

调用展示

（1）代码实现

```
# -*- coding:utf-8 -*-

import matplotlib as mpl
import matplotlib.pyplot as plt
import numpy as np

mpl.rcParams["font.sans-serif"]=["FangSong"]
mpl.rcParams["axes.unicode_minus"]=False

x = np.random.randn(1000)

plt.boxplot(x)

plt.xticks([1],["随机数生成器 AlphaRM"])
plt.ylabel("随机数值")
plt.title("随机数生成器抗干扰能力的稳定性")

plt.grid(axis="y",ls=":",lw=1,color="gray",alpha=0.4)

plt.show()
```

（2）运行结果

运行结果如图 2.8 所示。

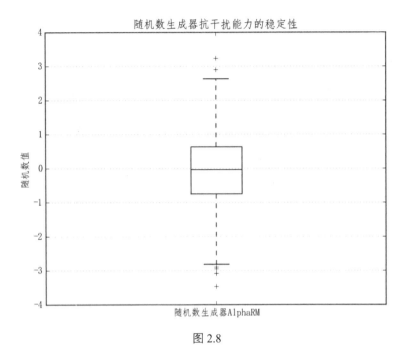

图 2.8

2.9 函数 errorbar()——用于绘制误差棒图

函数功能：绘制 y 轴方向或是 x 轴方向的误差范围。

调用签名：plt.errorbar(x,y,yerr=a,xerr=b)。

参数说明

- x：数据点的水平位置。
- y：数据点的垂直位置。
- yerr：y 轴方向的数据点的误差计算方法。
- xerr：x 轴方向的数据点的误差计算方法。

调用展示

（1）代码展示

```
import matplotlib.pyplot as plt
import numpy as np
```

```
x = np.linspace(0.1,0.6,6)
y = np.exp(x)

plt.errorbar(x,y,fmt="bo:",yerr=0.2,xerr=0.02)

plt.xlim(0,0.7)

plt.show()
```

（2）运行结果

运行结果如图 2.9 所示。

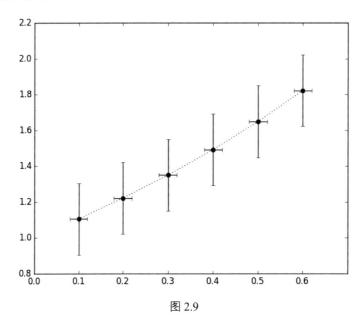

图 2.9

第 **3** 章

绘制统计图形

本章我们以具体应用场景为实践基础，详细说明柱状图、直方图、饼图、箱线图、误差棒图等图形的绘制方法，这些统计图形是频繁地被使用而又经常被误用的典型图形。因此，有必要使读者明白这些统计图形的使用方法和相关概念的区别和联系。以便在具体实践环境中，可以正确使用。

3.1 柱状图

柱状图是描述统计中使用频率非常高的一种统计图形。它有垂直样式和水平样式两种可视化效果。这一节我们介绍柱状图的应用场景和绘制原理。

3.1.1 应用场景——定性数据的分布展示

柱状图主要是应用在定性数据的可视化场景中，或者是离散型数据的分布展示。例如，一个本科班级的学生的籍贯分布，出国旅游人士的职业分布以及下载一款 App 产品的操作系统的分布。

3.1.2 绘制原理

我们以 Python 代码的形式讲解柱状图的绘制原理，这里重点讲解 bar()函数的使用方法。

（1）代码实现

```
# -*- coding:utf-8 -*-

import matplotlib as mpl
import matplotlib.pyplot as plt

mpl.rcParams["font.sans-serif"]=["SimHei"]
mpl.rcParams["axes.unicode_minus"]=False

# some simple data
x = [1,2,3,4,5]
y = [6,10,4,5,1]

# create bar
plt.bar(x,y,align="center",color="b",tick_label=["A","B","C","D","E"],al
pha=0.6)

# set x,y_axis label
plt.xlabel("测试难度")
plt.ylabel("试卷份数")

# set yaxis grid
plt.grid(True,axis="y",ls=":",color="r",alpha=0.3)

plt.show()
```

（2）运行结果

运行结果如图 3.1 所示。

（3）代码精讲

为了展示图表里的中文字体，我们选择字体"SimHei"，通过"mpl.rcParams["font.sans-serif"]=["SimHei"]"完成字体配置任务。不使用默认的"Unicode minus"模式来处理坐标轴轴线的刻度标签是负数的情况，一般可以使用"ASCII hyphen"模式来处理坐标轴轴线的负刻度值的情况，即通过"mpl.rcParams["axes.unicode_minus"]=False"语句实现模式的选择。

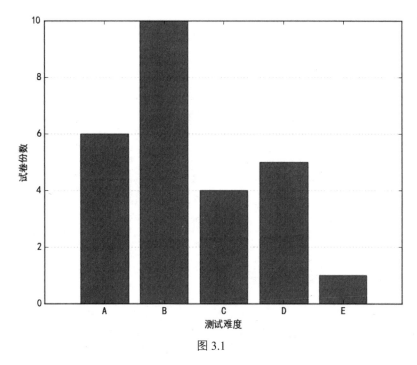

图 3.1

下面，我们来解释一下 "bar(x,y,align="center",color="b",tick_label=["A","B","C","D","E"],alpha=0.6)" 语句中各参数的含义。

- x：柱状图中的柱体标签值。
- y：柱状图中的柱体高度。
- align：柱体对齐方式。
- color：柱体颜色。
- tick_label：刻度标签值。
- alpha：柱体的透明度。

上面代码中，A～E 分别代表测试难度级别，具体位置由列表 x 确定，柱体中心点放在列表 x 的元素值处，柱体颜色设定为黑色，柱体高度用列表 y 中的元素确定，列表 y 中的元素代表试卷份数。

3.2 条形图

如果将柱状图中的柱体由垂直方向变成水平方向，柱状图就变成条形图，函数也就变成 barh(x,y,align="center",color="k",tick_label=["A","B","C","D","E"])，其中参数 x 是 y 轴上柱体标签值，y 是柱体的宽度，在 x 轴上显示，tick_label 表示 y 轴上的柱体标签值。

（1）代码实现

```python
# -*- coding:utf-8 -*-

import matplotlib as mpl
import matplotlib.pyplot as plt

mpl.rcParams["font.sans-serif"]=["SimHei"]
mpl.rcParams["axes.unicode_minus"]=False

# some simple data
x = [1,2,3,4,5]
y = [6,10,4,5,1]

# create horizontal bar
plt.barh(x,y,align="center",color="c",tick_label=["A","B","C","D","E"])

# set x,y_axis label
plt.ylabel("测试难度")
plt.xlabel("试卷份数")

# set xaxis grid
plt.grid(True,axis="x",ls=":",color="r",alpha=0.3)

plt.show()
```

（2）运行结果

运行结果如图 3.2 所示。

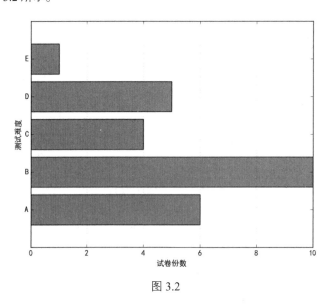

图 3.2

3.3 堆积图

谈起堆积图，我们脑海中可能联想到的画面是堆叠的积木或是层层垒起的砖块。因此，堆积图顾名思义就是将若干统计图形堆叠起来的统计图形，自然是一种组合式图形。下面，我们就结合前面讲过的柱状图和条形图的绘制方法，具体讲解堆积柱状图和堆积条形图的实现方法。

3.3.1 堆积柱状图

如果将函数 bar()中的参数 bottom 的取值设定为列表 y，列表 y1=[2,6,3,8,5]代表另一套试卷的份数，函数 bar(x,y1,bottom=y,color="r")就会输出堆积柱状图。

（1）代码实现

```
# -*- coding:utf-8 -*-

import matplotlib as mpl
import matplotlib.pyplot as plt

mpl.rcParams["font.sans-serif"]=["SimHei"]
mpl.rcParams["axes.unicode_minus"]=False

# some simple data
x = [1,2,3,4,5]
y = [6,10,4,5,1]
y1 = [2,6,3,8,5]

# create bar
plt.bar(x,y,align="center",color="#66c2a5",tick_label=["A","B","C","D","E"],label="班级 A")
plt.bar(x,y1,align="center",bottom=y,color="#8da0cb",label="班级 B")

# set x,y axis label
plt.xlabel("测试难度")
plt.ylabel("试卷份数")

plt.legend()

plt.show()
```

（2）运行结果
运行结果如图 3.3 所示。

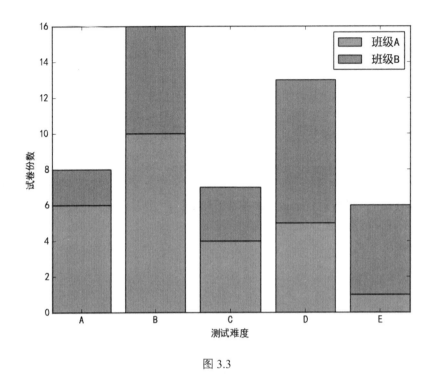

图 3.3

3.3.2　堆积条形图

　　如果将函数 barh() 中的参数 left 的取值设定为列表 y，列表 y1=[2,6,3,8,5]代表另一套试卷的份数，
函数 barh(x,y1,left=y,color="r")就会输出堆积条形图。

　　（1）代码实现

```
# -*- coding:utf-8 -*-

import matplotlib as mpl
import matplotlib.pyplot as plt

mpl.rcParams["font.sans-serif"]=["SimHei"]
mpl.rcParams["axes.unicode_minus"]=False

# some simple data
x = [1,2,3,4,5]
y = [6,10,4,5,1]
y1=[2,6,3,8,5]

# create horizontal bar
plt.barh(x,y,align="center",color="#66c2a5",tick_label=["A","B","C","D",
```

```
"E"],label="班级 A")
    plt.barh(x,y1,align="center",left=y,color="#8da0cb",label="班级 B")

    # set x,y_axis label
    plt.ylabel("测试难度")
    plt.xlabel("试卷份数")

    plt.legend()

    plt.show()
```

（2）运行结果

运行结果如图 3.4 所示。

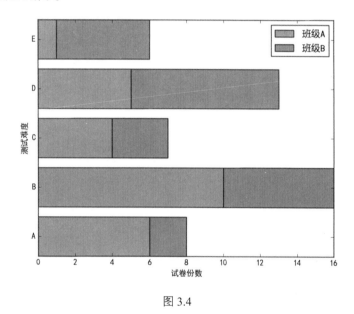

图 3.4

3.4 分块图

如果我们不将多数据以堆积图的形式进行可视化展示，那么就需要借助分块图来对比多数据的分布差异。同样，分块图可以分为多数据并列柱状图和多数据平行条形图。接下来，我们就结合前面讲过的柱状图和条形图的绘制原理，阐述多数据并列柱状图和多数据平行条形图的绘制方法。

3.4.1 多数据并列柱状图

对于堆积柱状图而言，我们也可以选择多数据并列柱状图来改变堆积柱状图的可视化效果。当然，堆积条形图也可以改变可视化效果，呈现多数据平行条形图的图形样式。

（1）代码实现

```
# -*- coding:utf-8 -*-

import matplotlib as mpl
import matplotlib.pyplot as plt
import numpy as np

mpl.rcParams["font.sans-serif"]=["SimHei"]
mpl.rcParams["axes.unicode_minus"]=False

# some simple data
x = np.arange(5)
y = [6,10,4,5,1]
y1 = [2,6,3,8,5]

bar_width = 0.35
tick_label=["A","B","C","D","E"]

# create bar
plt.bar(x,y,bar_width,color="c",align="center",label="班级 A",alpha=0.5)
plt.bar(x+bar_width,y1,bar_width,color="b",align="center",label=" 班 级 B",alpha=0.5)

# set x,y_axis label
plt.xlabel("测试难度")
plt.ylabel("试卷份数")

# set xaxis ticks and ticklabels
plt.xticks(x+bar_width/2,tick_label)

plt.legend()

plt.show()
```

（2）运行结果

运行结果如图 3.5 所示。

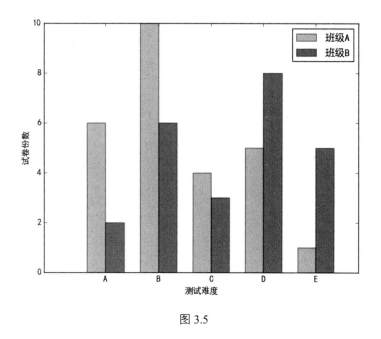

图 3.5

3.4.2 多数据平行条形图

对于堆积条形图而言，我们也同样可以选择多数据平行条形图来改变堆积条形图的可视化效果。多数据平行条形图与多数据并列柱状图的实现方法是类似的，只是调用函数由 bar() 变成 barh()。

（1）代码实现

```
# -*- coding:utf-8 -*-

import matplotlib as mpl
import matplotlib.pyplot as plt
import numpy as np

mpl.rcParams["font.sans-serif"]=["SimHei"]
mpl.rcParams["axes.unicode_minus"]=False

# some simple data
x = np.arange(5)
y = [6,10,4,5,1]
y1 = [2,6,3,8,5]

bar_width = 0.35
tick_label=["A","B","C","D","E"]
# create horizontal bar
```

```
    plt.barh(x,y,bar_width,color="c",align="center",label="班级 A",alpha=0.5)
    plt.barh(x+bar_width,y1,bar_width,color="b",align="center",label="班级 B",
alpha=0.5)

    # set x,y axis label
    plt.xlabel("试卷份数")
    plt.ylabel("测试难度")

    plt.yticks(x+bar_width/2,tick_label)

    plt.legend()

    plt.show()
```

（2）运行结果

运行结果如图 3.6 所示。

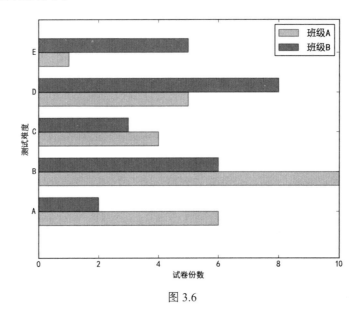

图 3.6

3.5 参数探索

如果想在柱体上绘制装饰线或装饰图，也就是说，设置柱体的填充样式。我们可以使用关键字参数 hatch，关键字参数 hatch 可以有很多取值，例如，""/"" ""\\\" ""|"" ""-"" 等，每种符号字符串都是一种填充柱体的几何样式。而且，符号字符串的符号数量越多，柱体的几何图形的密集程度越高。下面，我们就通过案例进行实现方法的演示。

（1）代码实现

```
# -*- coding:utf-8 -*-

import matplotlib as mpl
import matplotlib.pyplot as plt

mpl.rcParams["font.sans-serif"]=["SimHei"]
mpl.rcParams["axes.unicode_minus"]=False

# some simple data
x = [1,2,3,4,5]
y = [6,10,4,5,1]

# create bar
plt.bar(x,y,align="center",color="c",tick_label=["A","B","C","D","E"],ha
tch="///")

# set x,y_axis label
plt.xlabel("测试难度")
plt.ylabel("试卷份数")

plt.show()
```

（2）运行结果

运行结果如图 3.7 所示。

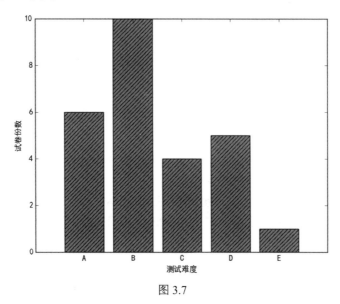

图 3.7

3.6 — 堆积折线图、间断条形图和阶梯图

我们接下来介绍一些在折线图、柱状图和条形图的绘制原理基础上衍生出来的统计图形，它们分别是堆积折线图、间断条形图和阶梯图。

3.6.1 用函数 stackplot()绘制堆积折线图

堆积折线图是通过绘制不同数据集的折线图而生成的。堆积折线图是按照垂直方向上彼此堆叠且又不相互覆盖的排列顺序，绘制若干条折线图而形成的组合图形。

（1）代码实现

```
import matplotlib.pyplot as plt
import numpy as np

x = np.arange(1,6,1)
y = [0,4,3,5,6]
y1 = [1,3,4,2,7]
y2 = [3,4,1,6,5]

labels = ["BluePlanet","BrownPlanet","GreenPlanet"]
colors = ["#8da0cb","#fc8d62","#66c2a5"]

plt.stackplot(x,y,y1,y2,labels=labels,colors=colors)

plt.legend(loc="upper left")

plt.show()
```

（2）运行结果

运行结果如图 3.8 所示。

（3）代码精讲

通过"plt.stackplot(x,y,y1,y2,labels=labels,colors=colors)"语句，我们绘制了堆积折线图。堆积折线图的本质就是将若干条折线放在同一个坐标轴上，以每条折线下部和下方折线作为填充边界，用一种颜色填充代表此条折线的数值区域，每个填充区域相互堆积但不会相互覆盖，每一个颜色段层代表一条折线所属的数据区域，从而形成如"地表断层"的可视化效果。

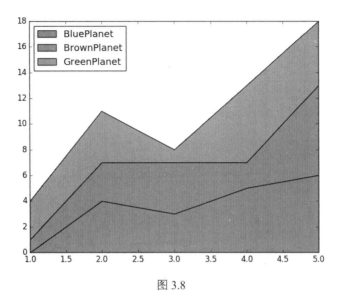

图 3.8

3.6.2 用函数 broken_barh ()绘制间断条形图

间断条形图是在条形图的基础上绘制而成的，主要用来可视化定性数据的相同指标在时间维度上的指标值的变化情况，实现定性数据的相同指标的变化情况的有效直观比较。

（1）代码实现

```
# -*- coding:utf-8 -*-

import matplotlib as mpl
import matplotlib.pyplot as plt
import numpy as np

mpl.rcParams["font.sans-serif"]=["LiSu"]
mpl.rcParams["axes.unicode_minus"]=False

plt.broken_barh([(30,100),(180,50),(260,70)],(20,8),facecolors="#1f78b4")
plt.broken_barh([(60,90),(190,20),(230,30),(280,60)],(10,8),facecolors=(
"#7fc97f","#beaed4","#fdc086","#ffff99"))

plt.xlim(0,360)
plt.ylim(5,35)
plt.xlabel("演出时间")

plt.xticks(np.arange(0,361,60))
plt.yticks([15,25],["歌剧院 A","歌剧院 B"])
```

```
plt.grid(ls="-",lw=1,color="gray")

plt.title("不同地区的歌剧院的演出时间比较")

plt.show()
```

（2）运行结果

运行结果如图 3.9 所示。

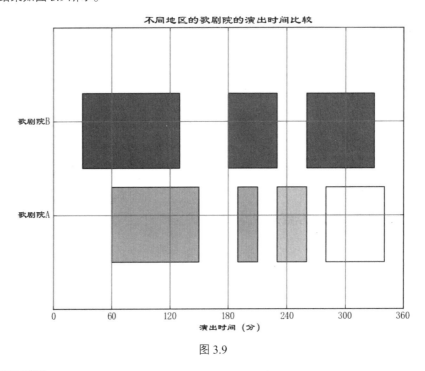

图 3.9

（3）代码精讲

这里为了说明函数 broken_barh() 的使用方法，以语句 "plt.broken_barh([(60,90),(190,20),(230,30),(280,60)],(10,8),facecolors=("#7fc97f","#beaed4","#fdc086","#ffff99"))" 为例讲解函数的使用方法。

列表 "[(60,90),(190,20),(230,30),(280,60)]" 的元组表示从起点是 x 轴的数值为 60 的位置起，沿 x 轴正方向移动 90 个单位。其他元组的含义类似。

参数 "(10,8)" 表示从起点是 y 轴的数值为 10 的位置起，沿 y 轴正方向移动 8 个单位，这就是每个柱体的高度和垂直起始位置。

关键字参数 facecolors 表示每个柱体的填充颜色，这里使用 HEX 模式的颜色表示方法。

通过使用间断条形图，我们就可以清晰直观地观察和比较两家歌剧院演出时间的不同，从而分析它们的演出时间的特点和规律。

3.6.3 用函数 step() 绘制阶梯图

阶梯图在可视化效果上正如图形的名字那样形象，就如同山间的台阶时而上升时而下降，从图形本身而言，很像折线图。也用采是反映数据的趋势变化或是周期规律的。阶梯图经常使用在时间序列数据的可视化任务中，凸显时序数据的波动周期和规律。

（1）代码实现

```
import matplotlib.pyplot as plt
import numpy as np

x = np.linspace(1,10,10)
y = np.sin(x)

plt.step(x,y,color="#8dd3c7", where="pre",lw=2)

plt.xlim(0,11)
plt.xticks(np.arange(1,11,1))
plt.ylim(-1.2,1.2)

plt.show()
```

（2）运行结果

运行结果如图 3.10 所示。

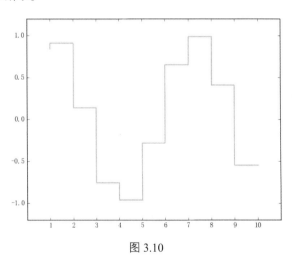

图 3.10

（3）代码精讲

通过语句"plt.step(x,y,color="#8dd3c7",lw=2)"就可以绘制出阶梯图，其中参数的含义和用法与函数 plot()完全相同。针对函数 step 而言，这里需要介绍一下关键字参数 where 的使用方法，关键字参数 where 默认的参数值是"pre"，参数值"pre"表示 x 轴上的每个数据点对应的 y 轴上的数值向左侧绘制水平线直到 x 轴上的此数据点的左侧相邻数据点为止，也就是说，x 轴上的相邻数据点的取值是按照左开右闭区间进行数据点选取的。关键字参数 where 除了可以取值"pre"，还可以取值"post"，参数值"post"表示在 x 轴上的相邻数据点的取值是按照左闭右开区间进行数据点选取的，然后用对应的 y 轴上的数值向右侧绘制水平线直到 x 轴上的此数据点的右侧相邻数据点为止。为了方便读者对照学习，我们将关键字参数 where 取值"post"。在其他代码语句不变的情况下运行，效果如图 3.11 所示。

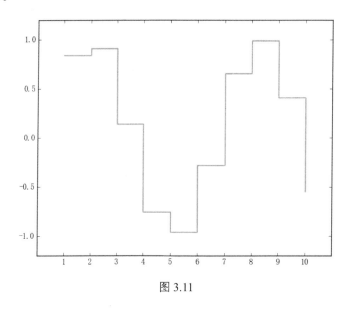

图 3.11

3.7 直方图

直方图是用来展现连续型数据分布特征的统计图形。利用直方图我们可以直观地分析出数据的集中趋势和波动情况。本节我们介绍直方图的应用场景和绘制原理。

3.7.1 应用场景——定量数据的分布展示

直方图主要是应用在定量数据的可视化场景中，或者是用来进行连续型数据的可视化展示。比如，公共英语考试分数的区间分布、抽样调查中的人均寿命的分布特征以及居民可支配收入的分布特征。

3.7.2 绘制原理

我们以 Python 代码的形式讲解直方图的绘制原理，主要讲解 hist()函数的使用方法。

（1）代码实现

```
# -*- coding:utf-8 -*-

import matplotlib as mpl

mpl.rcParams["font.sans-serif"]=["SimHei"]
mpl.rcParams["axes.unicode_minus"]=False

import matplotlib.pyplot as plt
import numpy as np

# set test scores
scoresT = np.random.randint(0,100,100)

x = scoresT

# plot histogram
bins = range(0,101,10)

plt.hist(x,bins=bins,
         color="#377eb8",
         histtype="bar",
         rwidth=1.0)

# set x,y-axis label
plt.xlabel("测试成绩")
plt.ylabel("学生人数")

plt.show()
```

（2）运行结果

运行结果如图 3.12 所示。

（3）代码精讲

首先，我们先解释一下函数 hist(x,bins=bins,color= "b",histtype="bar",label="score",rwidth=10)的参数的含义。

- x：连续型数据输入值。
- bins：用于确定柱体的个数或是柱体边缘范围。
- color：柱体的颜色。
- histtype：柱体类型。

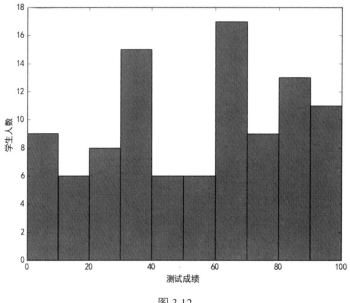

图 3.12

- label：图例内容。
- rwidth：柱体的相对宽度，取值范围是[0.0,1.0]。

代码中的变量 scoresT 代表人数是 100 人的班级考试成绩，bins 用来确定每个柱体包含的数据范围，除了最后一个柱体的数据范围是闭区间，其他柱体的数据范围都是左闭右开区间，例如第一个柱体的数据范围是[0,10)，最后一个柱体的数据范围是[90,100]。直方图的颜色是蓝色，直方图类型是柱状类型，将班级的考试成绩展示出来。

3.7.3　直方图和柱状图的关系

前面已经讲过有关柱状图和直方图的概念和绘制方法，下面，我们就来探讨关于直方图和柱状图的关系。

一方面，直方图和柱状图在展现效果上是非常类似的，只是直方图描述的是连续型数据的分布，柱状图描述的是离散型数据的分布，也可以讲：一个是描述定量数据；另一个是描述定性数据。

另一方面，从图形展示效果来看，柱状图的柱体之间有空隙，直方图的柱体之间没有空隙。直方图和柱状图的展示效果的差别，如图 3.13 所示。

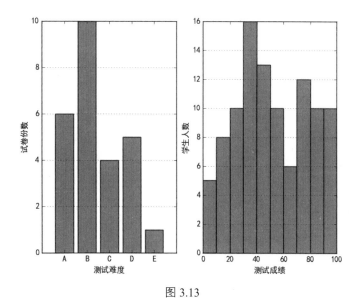

图 3.13

本节我们讲解了直方图的绘制原理，同时讨论了柱状图与直方图的区别和联系。下面，我们就结合本章的知识讲解绘制堆积直方图和直方图的不同形状的实践案例。通过这些案例，使读者深刻理解直方图的功能和使用方法，以及理解直方图的合适应用场景。

3.7.4　堆积直方图

我们可以像前面讲过的绘制堆积柱状图那样绘制堆积直方图，用来比较定量数据的分布差异和分布特征。实现方法也非常简单，只需要添加具体的关键字参数就可以实现堆积直方图的绘制任务。下面，我们就辅助以简单案例来介绍和说明堆积直方图的绘制方法。

（1）代码实现

```
# -*- coding:utf-8 -*-

import matplotlib as mpl

mpl.rcParams["font.sans-serif"]=["SimHei"]
mpl.rcParams["axes.unicode_minus"]=False

import matplotlib.pyplot as plt
import numpy as np

# set test scores
scoresT1 = np.random.randint(0,100,100)
scoresT2 = np.random.randint(0,100,100)
```

51

```
x = [scoresT1,scoresT2]
colors = ["#8dd3c7","#bebada"]
labels = ["班级A","班级B"]

# plot histogram
bins = range(0,101,10)

plt.hist(x,bins=bins,
         color=colors,
         histtype="bar",
         rwidth=1.0,
         stacked=True,
         label=labels)

# set x,y-axis label
plt.xlabel("测试成绩(分)")
plt.ylabel("学生人数")

plt.title("不同班级的测试成绩的直方图")

plt.legend(loc="upper left")

plt.show()
```

（2）运行结果

运行结果如图 3.14 所示。

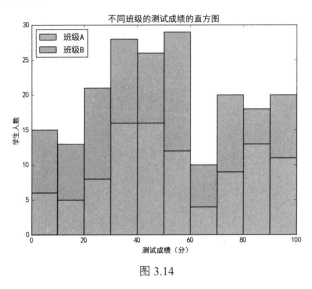

图 3.14

（3）代码精讲

我们通过向函数 hist()传递关键字参数 stacked 来实现堆积直方图的绘制任务。通过绘制堆积直方图，就可以直观地观察两个班级的学生在测试中考试成绩的分布特点和知识掌握情况的差异。如果不绘制堆积直方图，那么我们可以绘制并排放置的直方图，即"stacked=False"，如图 3.15 所示。

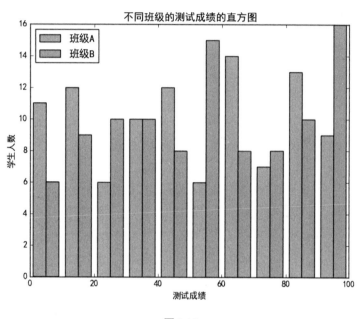

图 3.15

3.7.5 直方图的不同形状

前面我们讲过阶梯图的绘制方法和展示效果。将直方图和阶梯图的特点结合起来即可绘制阶梯型直方图，当然也可以绘制堆积阶梯型直方图。我们只需要向函数 hist()传递关键字参数 histtype 就可以绘制阶梯型直方图。下面，我们在堆积直方图的基础上，绘制堆积阶梯型直方图。

（1）代码实现

```
# -*- coding:utf-8 -*-

import matplotlib as mpl

mpl.rcParams["font.sans-serif"]=["SimHei"]
mpl.rcParams["axes.unicode_minus"]=False

import matplotlib.pyplot as plt
import numpy as np
```

```
# set test scores
scoresT1 = np.random.randint(0,100,100)
scoresT2 = np.random.randint(0,100,100)

x = [scoresT1,scoresT2]
colors = ["#8dd3c7","#bebada"]
labels = ["班级 A","班级 B"]

# plot histogram
bins = range(0,101,10)

plt.hist(x,bins=bins,
        color=colors,
        histtype="stepfilled",
        rwidth=1.0,
        stacked=True,
        label=labels)

# set x,y-axis label
plt.xlabel("测试成绩（分）")
plt.ylabel("学生人数")

plt.title("不同班级的测试成绩的直方图")

plt.legend()

plt.show()
```

（2）运行结果

运行结果如图 3.16 所示。

（3）代码精讲

我们看到，堆积阶梯型直方图兼具阶梯图和直方图的特征，借助堆积阶梯型直方图就可以清楚地观察每个班级的学生测试成绩的分布特点以及不同班级之间的成绩差异。

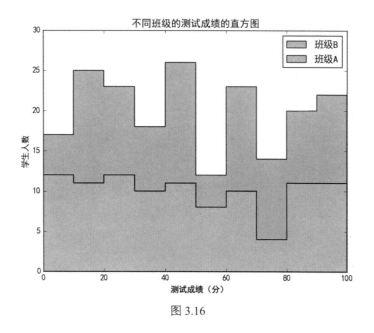

图 3.16

3.8 饼图

饼图是用来展示定性数据比例分布特征的统计图形。通过绘制饼图，我们可以清楚地观察出数据的占比情况。本节主要讲解饼图的应用场景和绘制原理。

3.8.1　应用场景——定性数据的比例展示

饼图主要应用在定性数据的可视化场景中，或者是用来进行离散型数据的比例展示。如果需要展示参加硕士研究生考试的性别比例、某市一年中四季使用天然气用量的比重以及家庭生活开支用途的比例分布，这些场景都是使用饼图进行数据可视化的不二之选，通过绘制饼图，就可以直观地反映研究对象定性数据的比例分布情况。

3.8.2　绘制原理

我们以 Python 代码的形式来讲述饼图的绘制原理，我们重点讲解 pie()函数的使用细节。
（1）代码实现

```
# -*- coding:utf-8 -*-

import matplotlib as mpl
import matplotlib.pyplot as plt
```

```
mpl.rcParams["font.sans-serif"]=["SimHei"]
mpl.rcParams["axes.unicode_minus"]=False

labels = "A难度水平","B难度水平","C难度水平","D难度水平"

students = [0.35,0.15,0.20,0.30]

colors = ["#377eb8","#4daf4a","#984ea3","#ff7f00"]

explode = (0.1,0.1,0.1,0.1)

# exploded pie chart
plt.pie(students,explode=explode,
        labels=labels,
        autopct="%3.1f%%",
        startangle=45,
        shadow=True,
        colors=colors)

plt.title("选择不同难度测试试卷的学生占比")

plt.show()
```

（2）运行结果

运行结果如图 3.17 所示。

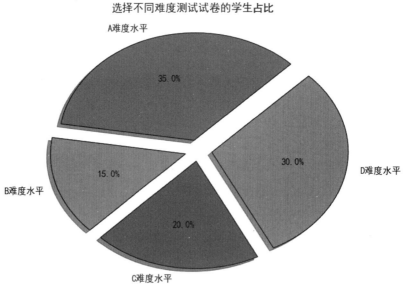

图 3.17

（3）代码精讲

首先，我们先解释一下函数 pie(students,explode=explode,labels=labels,autopct= "%3.1f%%",、startangle=45，shadow=True, colors=colors)的参数含义，如下所示。

- students：饼片代表的百分比。
- explode：饼片边缘偏离半径的百分比。
- labels：标记每份饼片的文本标签内容。
- autopct：饼片文本标签内容对应的数值百分比样式。
- startangle：从 *x* 轴作为起始位置，第一个饼片逆时针旋转的角度。
- shadow：是否绘制饼片的阴影。
- colors：饼片的颜色。

变量 labels 分别存储四份不同难度的试卷，变量 students 存储选择每套试卷的学生百分比，元组 explode 存储每份饼片边缘偏离相邻饼片边缘的半径长度比例值，关键字参数 autopct 规定百分比保留一位有效数字，关键字参数 startangle 规定第一个饼片的起始角度是以 *x* 轴为起点逆时针旋转 45° 的，关键字参数 shadow 设定饼图中的每份饼片的投影，关键字参数 colors 设定每份饼片的颜色。

3.8.3　延伸阅读——非分裂式饼图

我们已经讲过分裂式饼图的绘制方法，接下来就调整函数 pie()的参数，绘制其他类型的饼图。如果我们不绘制分裂式饼图，那么只需要去掉参数 explode 即可。另外，我们可以设定参数 pctdistance 和 labeldistance 的具体取值，这两个参数分别控制百分比数值和标签值的显示位置，它们都是以半径长度比例值作为显示位置依据的。

（1）代码实现

```
# -*- coding:utf-8 -*-

import matplotlib as mpl
import matplotlib.pyplot as plt

mpl.rcParams["font.sans-serif"]=["SimHei"]
mpl.rcParams["axes.unicode_minus"]=False

labels = "A 难度水平","B 难度水平","C 难度水平","D 难度水平"

students = [0.35,0.15,0.20,0.30]

colors = ["#377eb8","#4daf4a","#984ea3","#ff7f00"]

# exploded pie chart
plt.pie(students,
        labels=labels,
```

```
        autopct="%3.1f%%",
        startangle=45,
        pctdistance=0.7,
        labeldistance=1.2,
        colors=colors)

plt.title("选择不同难度测试试卷的学生占比")

plt.show()
```

（2）运行结果

运行结果如图 3.18 所示。

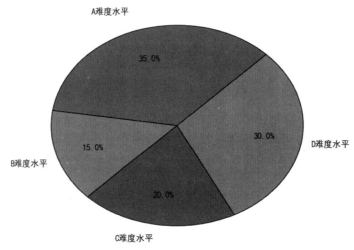

图 3.18

3.8.4　案例——绘制内嵌环形饼图

本节我们围绕分裂式饼图的绘制原理，讲解了非分裂式饼图的实现方法。下面，我们就在这些饼图绘制原理的基础上讲解内嵌式环形饼图的绘制方法，使读者知道饼图不仅可以展示单一数据集的比例分布情况，还可以对比展示多数据集的比例分布情况，以此充分发挥饼图作为统计图形的展示效果。

饼图不仅可以用来描述定性数据的比例分布，还可以将多个饼图进行嵌套，从而实现内嵌环形饼图的可视化效果。这样，就可以进行多组定性数据比例分布的比较。

（1）代码实现

```
# -*- coding:utf-8 -*-
```

```
import matplotlib as mpl
import matplotlib.pyplot as plt
import numpy as np

mpl.rcParams["font.sans-serif"]=["SimHei"]
mpl.rcParams["axes.unicode_minus"]=False

elements = ["面粉","砂糖","奶油","草莓酱","坚果"]

weight1 = [40,15,20,10,15]
weight2 = [30,25,15,20,10]

colormapList = ["#e41a1c","#377eb8","#4daf4a","#984ea3","#ff7f00"]
outer_colors = colormapList
inner_colors = colormapList

wedges1,texts1,autotexts1 = plt.pie(weight1,
                                     autopct="%3.1f%%",
                                     radius=1,
                                     pctdistance=0.85,
                                     colors=outer_colors,
                                     textprops=dict(color="w"),
                                     wedgeprops=dict(width=0.3,edgecolor="w"))

wedges2,texts2,autotexts2 = plt.pie(weight2,
                                     autopct="%3.1f%%",
                                     radius=0.7,
                                     pctdistance=0.75,
                                     colors=inner_colors,
                                     textprops=dict(color="w"),
                                     wedgeprops=dict(width=0.3,edgecolor="w"))

plt.legend(wedges1,
           elements,
           fontsize=12,
           title="配料表",
           loc="center left",
           bbox_to_anchor=(0.91, 0, 0.3, 1))

plt.setp(autotexts1,size=15,weight="bold")
plt.setp(autotexts2,size=15,weight="bold")
plt.setp(texts1,size=12)
```

```
plt.title("不同果酱面包配料比例表")

plt.show()
```

（2）运行结果

运行结果如图 3.19 所示。

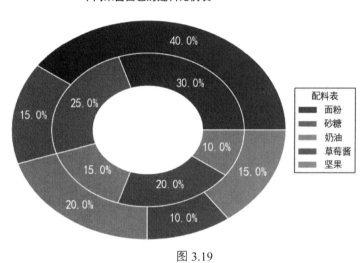

不同果酱面包的配料比例表

图 3.19

（3）代码精讲

我们在一幅画布中同时绘制了两幅饼图，实现了将饼图嵌套放置的可视化需求，同时这两个饼图是分别独立绘制的图形，其中的参数和关键字参数以及相应的取值也是独立设置的。最后，我们分别对数值标签和文本标签的样式进行设置，实现更理想的展示效果。

3.9 箱线图

箱线图是由一个箱体和一对箱须所组成的统计图形。箱体是由第一四分位数、中位数（第二四分位数）和第三四分位数所组成的。在箱须的末端之外的数值可以理解成离群值，因此，箱须是对一组数据范围的大致直观描述。

3.9.1 应用场景——多组定量数据的分布比较

箱线图主要应用在一系列测量或观测数据的比较场景中，例如学校间或班级间测试成绩的比较，球队中的队员体能对比，产品优化前后的测试数据比较以及同类产品的各项性能的比较，等等，都可以借助箱线图来完成相关分析或研究任务。因此，箱线图的应用范围非常广泛，而且实现起来也非常简单。

3.9.2　绘制原理

我们以 Python 代码的形式讲解箱线图的绘制原理，主要讲解函数 boxplot()的使用方法。
（1）代码实现

```python
# -*- coding:utf-8 -*-

import matplotlib as mpl
import matplotlib.pyplot as plt
import numpy as np

mpl.rcParams["font.sans-serif"]=["FangSong"]
mpl.rcParams["axes.unicode_minus"]=False

testA = np.random.randn(5000)
testB = np.random.randn(5000)

testList = [testA,testB]
labels = ["随机数生成器 AlphaRM","随机数生成器 BetaRM"]
colors = ["#1b9e77","#d95f02"]

whis = 1.6
width = 0.35

bplot = plt.boxplot(testList,
                    whis=whis,
                    widths=width,
                    sym="o",
                    labels=labels,
                    patch_artist=True)

for patch,color in zip(bplot["boxes"],colors):
    patch.set_facecolor(color)

plt.ylabel("随机数值")
plt.title("生成器抗干扰能力的稳定性比较")

plt.grid(axis="y",ls=":",lw=1,color="gray",alpha=0.4)

plt.show()
```

（2）运行结果

运行结果如图 3.20 所示。

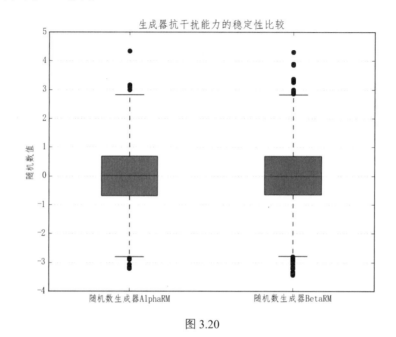

图 3.20

（3）代码精讲

对于上述代码，我们首先解释一下 "plt.boxplot(testList,whis=whis,widths=width,sym="o",labels=labels,patch_artist=True)" 语句的参数的含义。语句中的参数和关键字参数的含义如下。

- testList：绘制箱线图的输入数据。
- whis：四分位间距的倍数，用来确定箱须包含数据的范围的大小。
- widths：设置箱体的宽度。
- sym：离群值的标记样式。
- labels：绘制每一个数据集的刻度标签。
- patch_artist：是否给箱体添加颜色。

我们利用 "mpl.rcParams["font.sans-serif"]=["FangSong"]" 语句进行中文字体的配置，这里用的是仿宋字体，字体效果见图 3.20 中的中文标题和 x 轴上的刻度标签。使用 "mpl.rcParams["axes.unicode_minus"]=False" 语句放弃 "unicode_minus" 的使用，这样图形中的刻度标签值是负数的情况就可以得到合理解决，即负数可以正确显示。将需要比较的数据放在列表 testList 中，同时作为函数 boxplot() 的参数进行输入。将关键字参数 whis、widths、sym 和 labels 传入函数 boxplot() 里，完成箱线图的基本绘制工作。接下来，我们要对箱线图的返回值进行操作，这个返回值是一个字典数据结构，由于需要对箱体添加颜色，所以使用键 "boxes" 来调出键值 "bplot["boxes"]"。最后，使用内置函数 zip() 生成元组列表 zip(bplot["boxes"],colors)，使用 for 循环对每个箱体进行颜色填充，从而完成整个箱线图的绘制工作。如果我们将关键字参数 notch 的参数值设置为"True"，同时其他语句保持不变，那么箱体就变成有"V"型凹痕的箱体了，可视化效果如图 3.21 所示。

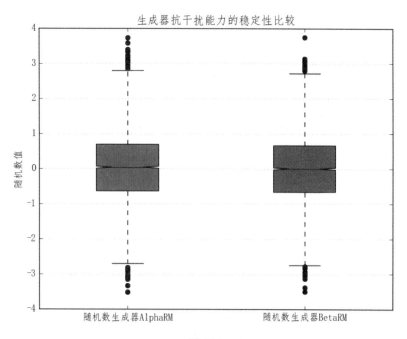

图 3.21

箱线图也可以实现水平方向的可视化效果，箱线图中的离群值也可以不显示，这些视图效果分别通过关键字参数 vert 和 showfliers 实现。关于这些关键字参数的使用方法，后面会进行讲解。

3.9.3　延伸阅读——箱体、箱须、离群值的含义和计算方法

关于箱线图的组成部分有：箱体、箱须和离群值，其中，箱体主要由第一四分位数、中位数和第三四分位数组成，箱须又分为上箱须和下箱须。下面，介绍一下这些组成部分的含义和计算方法。上箱须和下箱须长度的确定方法是在绘制箱线图的原始数据集 Data 中分别寻找不大于 $Q_3+\text{whis}\times\text{IQR}$ 的最大值 value_{max} 和不小于 $Q_1-\text{whis}\times\text{IQR}$ 的最小值 value_{min}，其中 Q_1 和 Q_3 分别是第一四分位数和第三四分位数，whis 是关键字参数 whis 的参数值，IQR（IQR 是 Inter-Quartile Range 的缩写）是四分位差，计算方法是 $\text{IQR}=Q_3-Q_1$。离群值 Outlier 的判断标准是 $\text{value}<(Q_1-\text{whis}\times\text{IQR})$ 或者 $\text{value}>(Q_3+\text{whis}\times\text{IQR})$，其中，value 是数据集 Data 中的数据点。下面，为了清楚地掌握箱线图的结构组成，就用一幅如图 3.22 所示的示意图来阐述箱线图的各个组成元素。

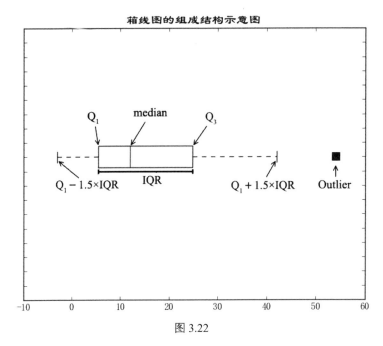

图 3.22

由于本书主要讲授 Python 数据可视化的实践方法,故接下来就讨论有关 Python 中的四分位数的位置和数值的计算方法。我们以图 3.22 的数据集为例,讲解在 Python 中计算四分位数的操作方法。下面,我们就以具体的代码进行演示,实现代码如下所示:

```
import numpy as np

data = [10,1,25,11,24,13,54,4,42,-3]
pc = np.array(data)

np.percentile(pc,np.arange(0,100,25))
```

上述代码的运行结果如下所示:

```
>>> array([ -3. ,  5.5 , 12. ,  24.75])
```

其中,第一四分位数是 5.5,中位数是 12,第三四分位数是 24.75。

根据数据集 data,计算箱线图中组成结构的关键元素,计算结果如下所示:

```
Q1 = 5.5
Q3 = 24.75
median = 12
IQR=Q3-Q1 = 19.25
Q1-1.5*IQR = -23.375
Q3+1.5*IQR = 53.625
```

```
Outlier = 54
```

在 Python 中，确定四分位数位置的方法是 $W=1+(n-1)\times QS$，其中 QS 可以取 0.25、0.5 和 0.75。四分位数值的计算方法是 W 的整数部分对应位置的数值+W 的小数部分×（W 的整数部分对应位置的右侧紧邻位置的数值–W 的整数部分对应位置的数值）。

下面分别讲解箱线图水平放置、不显示离群值的操作方法。关于其他关键字参数 showmeans、meanline、showbox 和 showcaps 的使用与这两种情形的操作方法类似。这些关键字参数都属于布尔型变量，即只有 True 和 False 两种取值情况。关于它们箱线图的可视化效果，这里就不举例进行详细说明了。

3.9.4 案例 1——水平方向的箱线图

箱线图不仅有垂直放置的位置形式，也有水平放置的位置形式，水平放置的箱线图在结构元素组成方面没有改变，只是可视化效果有所改变。

（1）代码实现

```python
# -*- coding:utf-8 -*-

import matplotlib as mpl
import matplotlib.pyplot as plt
import numpy as np

mpl.rcParams["font.sans-serif"]=["FangSong"]
mpl.rcParams["axes.unicode_minus"]=False

x = np.random.randn(1000)

plt.boxplot(x,vert=False)

plt.xlabel("随机数值")
plt.yticks([1],["随机数生成器 AlphaRM"],rotation=90)
plt.title("随机数生成器抗干扰能力的稳定性")

plt.grid(axis="x",ls=":",lw=1,color="gray",alpha=0.4)

plt.show()
```

（2）运行结果

运行结果如图 3.23 所示。

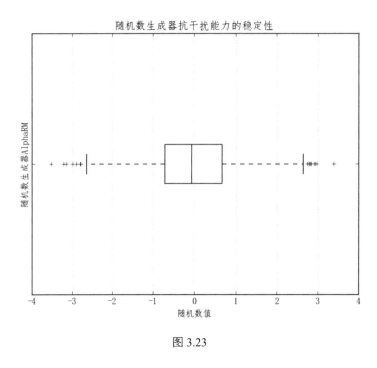

图 3.23

3.9.5 案例 2——不绘制离群值的水平放置的箱线图

在大多数情况下，我们都是绘制包含离群值的箱线图。但是，也有很多时候，我们只需要绘制数据集的分布结构，也就是说，只需要标记出箱须的长度、上四分位数、下四分位数、中位数的位置，即可满足描绘数据集的分布特征的目标。离群值不是重点要考虑的描述统计对象。

（1）代码实现

```
# -*- coding:utf-8 -*-

import matplotlib as mpl
import matplotlib.pyplot as plt
import numpy as np

mpl.rcParams["font.sans-serif"]=["FangSong"]
mpl.rcParams["axes.unicode_minus"]=False

x = np.random.randn(1000)

plt.boxplot(x,vert=False,showfliers=False)

plt.xlabel("随机数值")
```

```
plt.yticks([1],["随机数生成器 AlphaRM"],rotation=90)
plt.title("随机数生成器抗干扰能力的稳定性")

plt.grid(axis="x",ls=":",lw=1,color="gray",alpha=0.4)

plt.show()
```

（2）运行结果

运行结果如图 3.24 所示。

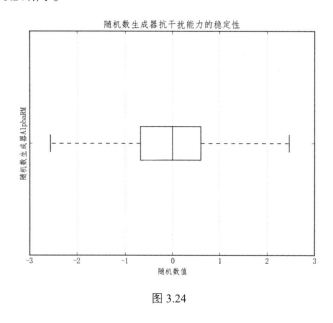

图 3.24

3.10 误差棒图

在很多科学实验中都存在测量误差或是试验误差，这是无法控制的客观因素。这样，在可视化试验结果的时候，最好可以给试验结果增加观测结果的误差以表示客观存在的测量偏差。误差棒图就是可以运用在这一场景中的很理想的统计图形。

3.10.1 应用场景——定量数据的误差范围

通过抽样获得样本，对总体参数进行估计会由于样本的随机性导致参数估计值出现波动，因此需要用误差置信区间来表示对总体参数估计的可靠范围。误差棒就可以很好地实现充当总体参数估计的置信区间的角色。误差棒的计算方法可以有很多种：单一数值、置信区间、标准差和标准误等。误差棒的可视化展示效果也有很多种样式：水平误差棒、垂直误差棒、对称误差棒和非对称误差棒等。

3.10.2 绘制原理

我们以 Python 代码的形式讲解误差棒的绘制原理，主要讲解函数 errorbar() 的使用方法和参数使用细节。

（1）代码实现

```python
import matplotlib.pyplot as plt
import numpy as np

x = np.linspace(0.1,0.6,10)
y = np.exp(x)

error = 0.05+0.15*x

lower_error = error
upper_error = 0.3*error
error_limit = [lower_error,upper_error]

plt.errorbar(x,y,yerr=error_limit,fmt=":o",
             ecolor="y",elinewidth=4,
             ms=5,mfc="c",mec='r',
             capthick=1,capsize=2)

plt.xlim(0,0.7)

plt.show()
```

（2）运行结果

运行结果如图 3.25 所示。

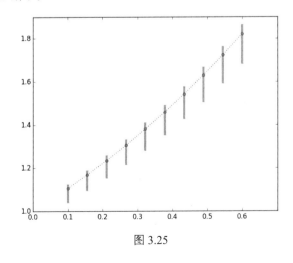

图 3.25

（3）代码精讲

我们采用单一数值的非对称形式的误差棒，函数 errorbar() 的参数含义如下所示。

- x，y：数据点的位置。
- yerr：单一数值的非对称形式误差范围。
- fmt：数据点的标记样式和数据点标记的连接线样式。
- ecolor：误差棒的线条颜色。
- elinewidth：误差棒的线条粗细。
- ms：数据点的大小。
- mfc：数据点的标记颜色。
- mec：数据点的标记边缘颜色。
- capthick：误差棒边界横杠的厚度。
- capsize：误差棒边界横杠的大小。

函数 errorbar() 里的关键字参数 yerr 使用了误差范围的非对称形式，而且是数据点下方的误差范围大于数据点上方的误差范围。关键字参数 xerr 也可以使用类似的误差范围，关键字参数 fmt 如果取 "none" 值时，数据点的连线、数据点的标记样式和颜色都不显示。

关键字参数 capthick 也可以用关键字参数 mew 代替。

本节我们讲解了误差棒图的绘制方法，知道了误差棒图是用来展示定量数据误差范围的统计图形。如果只是单一地使用误差棒图可能不会很好地发挥这种统计图形的实际应用价值。因此，需要我们将其他统计图形与误差棒图相结合来展示数据集的测量误差等内容。下面，我们就分别介绍带误差棒的柱状图、条形图、多数据并列柱状图和堆积柱状图的展示效果和具体的实现方法。

3.10.3 案例 1——带误差棒的柱状图

我们前面已经讲过柱状图和误差棒图的绘制原理，现在我们可以将这两种统计图形结合起来，绘制带误差棒的柱状图，使得统计图形在反映数据测量误差方面的应用领域得到拓展。这种统计图形在科学研究领域里应用范围很广泛。

（1）代码实现

```
# -*- coding:utf-8 -*-

import matplotlib as mpl
import matplotlib.pyplot as plt
import numpy as np

mpl.rcParams["font.sans-serif"]=["LiSu"]
mpl.rcParams["axes.unicode_minus"]=False

# some simple data
x = np.arange(5)
```

```python
y = [100,68,79,91,82]
std_err = [7,2,6,10,5]

error_attri = dict(elinewidth=2,ecolor="black",capsize=3)

# create bar with errorbar
plt.bar(x,y,
        color="c",
        width=0.6,
        align="center",
        yerr=std_err,
        error_kw=error_attri,
        tick_label=["园区1","园区2","园区3","园区4","园区5"])

# set x,y_axis label
plt.xlabel("芒果种植区")
plt.ylabel("收割量")

# set title of axes
plt.title("不同芒果种植区的单次收割量")

# set yaxis grid
plt.grid(True,axis="y",ls=":",color="gray",alpha=0.2)

plt.show()
```

（2）运行结果

运行结果如图 3.26 所示。

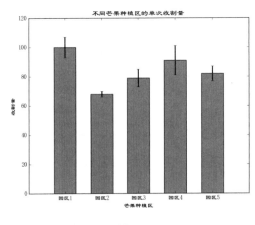

图 3.26

（3）代码精讲

绘制带误差棒的柱状图的关键要点，就是函数 bar() 中关键字参数 yerr 的使用。同时，误差棒的属性和属性值的控制都由关键字参数 error_kw 实现，这里我们对误差棒的线宽、颜色和误差横帽的粗细进行了进一步的设置。关于函数 bar() 中的其他关键字参数含义和用法，我们在前面已经讲过，这里就不再详细阐述了。

3.10.4　案例 2——带误差棒的条形图

我们前面已经讲过条形图和误差棒图的绘制原理，现在我们可以将这两种统计图形结合起来，绘制带误差棒的条形图。如果我们试图反映定性数据的分布特征，同时还要反映分布的波动特征，那么这种统计图形就是合适之选。这种统计图形在科学研究领域里的用途很多。

（1）代码实现

```
# -*- coding:utf-8 -*-

import matplotlib as mpl
import matplotlib.pyplot as plt
import numpy as np

mpl.rcParams["font.sans-serif"]=["LiSu"]
mpl.rcParams["axes.unicode_minus"]=False

# some simple data
x = np.arange(5)
y = [1200,2400,1800,2200,1600]
std_err = [150,100,180,130,80]

bar_width = 0.6
colors = ["#e41a1c","#377eb8","#4daf4a","#984ea3","#ff7f00"]

# create horizontal bar
plt.barh(x,y,
        bar_width,
        color=colors,
        align="center",
        xerr=std_err,
        tick_label=["家庭","小说","心理","科技","儿童"])

# set x,y_axis label
plt.xlabel("订购数量")
plt.ylabel("图书种类")
```

```
# set title
plt.title("大型图书展销会的不同图书种类的采购情况")

# set xaxis grid
plt.grid(True,axis="x",ls=":",color="gray",alpha=0.2)

plt.xlim(0,2600)

plt.show()
```

（1）运行结果

运行结果如图 3.27 所示。

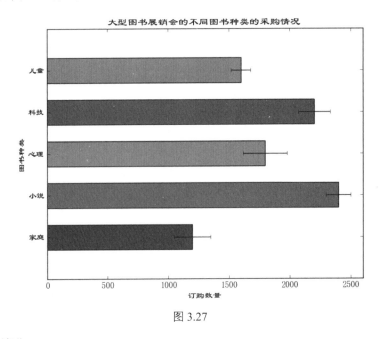

图 3.27

（3）代码精讲

带误差棒的条形图的绘制是通过使用函数 barh()中的关键字参数 xerr 实现的。其他关键字参数的含义和用法都已经在前面有关柱状图里绘制条形图的部分详细介绍过。条形图的填充颜色是使用 HEX 模式进行命名的，文中的中文字体是使用隶书 "LiSu" 字体。

3.10.5　案例 3——带误差棒的多数据并列柱状图

在 3.10.3 节讲述了带误差棒的柱状图的绘制方法，其中的应用场景是有关于"不同芒果种植区的单次收割量"的案例。如果我们尝试进一步比较不同年份的不同芒果种植区的单次收割量的情况，那么就可以借助带误差棒的多数据并列柱状图进行可视化展示。

（1）代码实现

```
# -*- coding:utf-8 -*-

import matplotlib as mpl
import matplotlib.pyplot as plt
import numpy as np

mpl.rcParams["font.sans-serif"]=["LiSu"]
mpl.rcParams["axes.unicode_minus"]=False

# some simple data
x = np.arange(5)
y1 = [100,68,79,91,82]
y2 = [120,75,70,78,85]
std_err1 = [7,2,6,10,5]
std_err2 = [5,1,4,8,9]

error_attri = dict(elinewidth=2,ecolor="black",capsize=3)

bar_width = 0.4
tick_label=["园区1","园区2","园区3","园区4","园区5"]

# create bar with errorbar
plt.bar(x,y1,
        bar_width,
        color="#87CEEB",
        align="center",
        yerr=std_err1,
        error_kw=error_attri,
        label="2010")

plt.bar(x+bar_width,y2,
        bar_width,
        color="#CD5C5C",
        align="center",
        yerr=std_err2,
        error_kw=error_attri,
        label="2013")

# set x,y_axis label
plt.xlabel("芒果种植区")
plt.ylabel("收割量")

# set xaxis tick_label
```

```
plt.xticks(x+bar_width/2,tick_label)

# set title of axes
plt.title("不同年份的芒果种植区的单次收割量")

# set yaxis grid
plt.grid(True,axis="y",ls=":",color="gray",alpha=0.2)

plt.legend()

plt.show()
```

（2）运行结果

运行结果如图 3.28 所示。

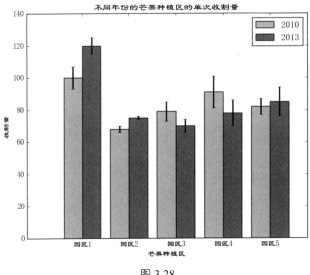

图 3.28

（3）代码精讲

我们通过绘制带误差棒的多数据并列柱状图，一方面可以对比不同年份的芒果种植区的收割量的一般水平，另一方面还可以比较不同年份收割量的波动程度。从绝对量和相对量两方面对比不同年份的芒果种植区的芒果收获情况。

3.10.6　案例 4——带误差棒的堆积柱状图

如果我们尝试比较不同地区的图书展览会的图书采购情况，那么我们既可以使用带误差棒的多数据并列柱状图，也可以使用带误差棒的堆积柱状图来呈现图书展销会上订购情况的变化和差异。现在，我们介绍带误差棒的堆积柱状图的绘制方法。

（1）代码实现

```python
# -*- coding:utf-8 -*-

import matplotlib as mpl
import matplotlib.pyplot as plt
import numpy as np

mpl.rcParams["font.sans-serif"]=["LiSu"]
mpl.rcParams["axes.unicode_minus"]=False

# some simple data
x = np.arange(5)
y1 = [1200,2400,1800,2200,1600]
y2 = [1050,2100,1300,1600,1340]
std_err1 = [150,100,180,130,80]
std_err2 = [120,110,170,150,120]

bar_width = 0.6
tick_label=["家庭","小说","心理","科技","儿童"]
error_attri = dict(ecolor="black",elinewidth=2,capsize=0)

# create bar
plt.bar(x,y1,
        bar_width,
        color="#6495ED",
        align="center",
        yerr=std_err1,
        label="地区 1",
        error_kw=error_attri)

plt.bar(x,y2,
        bar_width,
        bottom=y1,
        color="#FFA500",
        align="center",
        yerr=std_err2,
        label="地区 2",
        error_kw=error_attri)

# set x,y_axis label
plt.xlabel("图书种类")
plt.ylabel("订购数量")
```

```
# set title
plt.title("不同地区大型图书展销会的图书采购情况")

# set yaxis grid
plt.grid(True,axis="y",ls=":",color="gray",alpha=0.2)

plt.xticks(x,tick_label)

plt.legend()

plt.show()
```

（2）运行结果

运行结果如图 3.29 所示。

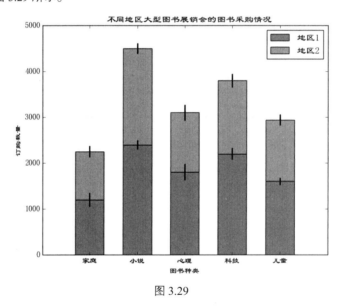

图 3.29

（3）代码精讲

前面我们已经讲解过堆积柱状图的绘制原理了，现在只需要将误差棒添加到堆积柱状图中就可以实现两种统计图形的融合，绘制出带误差棒的堆积柱状图。完成带误差棒的堆积柱状图的绘制任务的关键在于关键字参数 yerr 的使用。因此，只需要向函数 bar()传递关键字参数 yerr 就可以在堆积柱状图的基础上，实现带误差棒的堆积柱状图的绘制任务。

第 **4** 章

完善统计图形

4.1 添加图例和标题

在绘图区域中可能会出现多个图形，而这些图形如果不加以说明，观察者则很难识别出这些图形的主要内容。因此，我们需要给这些图形添加标签说明，用以标记每个图形所代表的内容，方便观察者辨识，这个标签说明就是图例。同样，观察者如果想要清楚地了解绘图区域中的内容，就需要给绘图区域添加文本内容用以说明绘图区域的主要内容，标题就可以让观察者清楚地知道绘图区域的核心信息和图表内容。

我们通过绘制正弦、余弦曲线来说明添加图例和标题的操作方法。为了让读者充分掌握图例和标题的设置方法和操作细节，分别列举调整图例和标题样式展示效果的应用案例，以供读者练习使用。最后结合前面讲过的饼图，用图例的展示形式来代替饼图中饼片的文本标签，从而使读者理解饼图的多种展现形式和图例的多样化用途。

4.1.1 图例和标题的设置方法

下面我们就通过 Python 代码的形式来讲解图例和标题的设置方法，重点讲解函数 legend()和函数 title()的使用方法。

（1）代码实现

```
# -*- coding:utf-8 -*-

import matplotlib as mpl
import matplotlib.pyplot as plt
import numpy as np

mpl.rcParams["font.sans-serif"]=["SimHei"]
mpl.rcParams["axes.unicode_minus"]=False

x = np.linspace(-2*np.pi,2*np.pi,200)
y = np.sin(x)
y1 = np.cos(x)

plt.plot(x,y,label=r"$\sin(x)$")
plt.plot(x,y1,label=r"$\cos(x)$")

plt.legend(loc="lower left")

plt.title("正弦函数和余弦函数的折线图")

plt.show()
```

（2）运行结果

运行结果如图 4.1 所示。

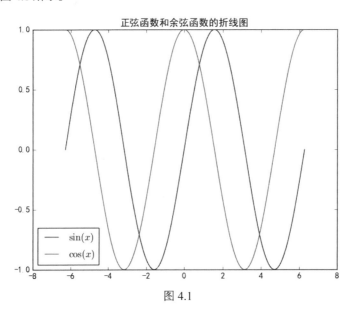

图 4.1

（3）代码精讲

首先，绘制两条曲线，一条是正弦曲线，另一条是余弦曲线，为了添加图例，我们需要在函数 plot()中添加关键字参数 label，以使图例可以清楚地显示两条曲线分别代表的图形含义。

然后，通过函数 legend()添加图例，同时将图例的展示位置放在左下角。为了更加清晰地说明绘图区域的主要内容，我们又添加了标题，通过调用函数 title()加以实现。

最后，调用函数 show()来输出运行结果。

值得注意的是，这里我们是使用 matplotlib 自带的 TeX 功能来实现对数学表达式支持的，用 TeX 对文本内容进行渲染，通过使用 r"\$\$"模式，将表达式\sin 和\cos 嵌入一对美元符号之间。一般而言，对于在 "r"\$text1\text2\$""中的非数学表达式文本 text1 会以斜体形式输出，并且最终输出时就会呈现印刷级别的文档效果。需要说明的是，在字符串 "r"\$text1\text2\$""的开始之处有一个标记 "r"，表示该字符串是 raw strings，字符串按照 TeX 规范进行解析。

上面我们介绍了图例函数 legend()和标题函数 title()的关键字参数，下面结合丰富案例，使读者充分掌握这些函数的使用要领和操作技巧。

4.1.2 案例 1——图例的展示样式的调整

我们知道，不仅图例的显示位置可以改变，而且图例的展示样式也可以调整。说到图例的展示样式，就不得不提到图例的外边框、图例中的文本标签的排列位置和图例的投影效果等方面。这些图例的展示样式都是通过图例函数 legend()的关键字参数实现的。

（1）代码实现

```python
import matplotlib.pyplot as plt
import numpy as np

x = np.arange(0,2.1,0.1)
y = np.power(x,3)
y1 = np.power(x,2)
y2 = np.power(x,1)

plt.plot(x,y,ls="-",lw=2,label="$x^{3}$")
plt.plot(x,y1,ls="-",lw=2,c="r",label="$x^{2}$")
plt.plot(x,y2,ls="-",lw=2,c="y",label="$x^{1}$")

plt.legend(loc="upper left",bbox_to_anchor=(0.05,0.95),ncol=3,
        title="power function",shadow=True,fancybox=True)

plt.show()
```

（2）运行结果

运行结果如图 4.2 所示。

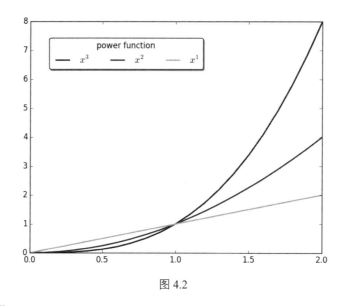

图 4.2

（3）代码精讲

图例函数 legend() 的关键字参数主要有位置参数 loc、线框位置参数 bbox_to_anchor、图例标签内容的标题参数 title、线框阴影 shadow 和线框圆角处理参数 fancybox 等。对于位置参数 loc 不仅可以使用字符串还可以使用字符串对应的数字，可以使用的其他位置参数值和可以使用的对应位置数值如表 4.1 所示。

表 4.1

位置参数值	位置数值	位置参数值	位置数值	位置参数值	位置数值
upper right	1	upper left	2	lower left	3
lower right	4	center left	6	center right	7
lower center	8	upper center	9	center	10

关键字参数 bbox_to_anchor 的参数值是一个四元元组，且使用 Axes 坐标系统。也就是说，第 1 个元素代表距离画布左侧的 x 轴长度的倍数的距离；第 2 个元素代表距离画布底部的 y 轴长度的倍数的距离；第 3 个元素代表 x 轴长度的倍数的线框长度；第 4 个元素代表 y 轴长度的倍数的线框宽度。代码中的语句 "legend(loc="upper left",bbox_to_anchor=(0.05,0.95))" 会将图例放在上方左手边拐角处的距离坐标轴左边 0.1、底部 7.6 的位置。关键字参数 shadow 是控制线框是否添加阴影的选择。关键字参数 fancybox 是控制线框的圆角或直角的选择。

4.1.3 案例 2——标题的展示样式的调整

针对标题的展示样式，我们可以通过标题函数 title() 的关键字参数得以实现，这些关键字参数包括字体样式、字体大小、字体风格和字体颜色等文本属性。

（1）代码实现

```python
import matplotlib.pyplot as plt
import numpy as np

x = np.linspace(-2,2,1000)
y = np.exp(x)

plt.plot(x,y,ls="-",lw=2,color="g")

plt.title("center demo")
plt.title("Left Demo",loc="left",
        fontdict={"size":"xx-large",
                "color":"r",
                "family":"Times New Roman"})
plt.title("right demo",loc="right",
        family="Comic Sans MS",
        size=20,
        style="oblique",
        color="c")

plt.show()
```

（2）运行结果

运行结果如图 4.3 所示。

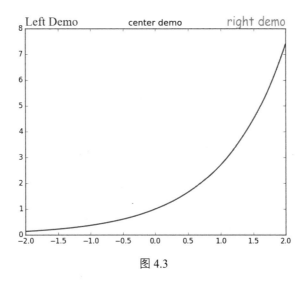

图 4.3

（3）代码精讲

标题函数 title()的关键字参数主要集中在标题位置参数和标题文本格式参数，标题位置参数值有
"left""center"和"right"。标题文本格式参数主要是字体类别（family）、字体大小（size）、字体颜
色（color）、字体风格（style）等，这些文本格式参数可以放在关键字参数 fontdict 的字典中存储，
也可以分别作为标题函数 title()的关键字参数。

4.1.4　案例 3——带图例的饼图

通过前面对饼图的绘制原理和实例的讲解，我们对饼图的组成元素和函数 pie()的参数含义也有
了一个透彻掌握。现在，我们就结合本节讲过的图例的相关内容，讲解为饼图添加图例的方法，从
而实现绘图区域的清爽布局。

（1）代码实现

```python
# -*- coding:utf-8 -*-

import matplotlib as mpl
import matplotlib.pyplot as plt

mpl.rcParams["font.sans-serif"]=["SimHei"]
mpl.rcParams["axes.unicode_minus"]=False

elements = ["面粉","砂糖","奶油","草莓酱","坚果"]

weight = [40,15,20,10,15]

colors = ["#1b9e77","#d95f02","#7570b3","#66a61e","#e6ab02"]

wedges, texts, autotexts = plt.pie(weight,
                                   autopct="%3.1f%%",
                                   textprops=dict(color="w"),
                                   colors=colors)

plt.legend(wedges,
        elements,
        fontsize=12,
        title="配料表",
        loc="center left",
        bbox_to_anchor=(0.91, 0, 0.3, 1))

plt.setp(autotexts, size=15, weight="bold")
plt.setp(texts,size=12)

plt.title("果酱面包配料比例表")
```

```
plt.show()
```

（2）运行结果

运行结果如图 4.4 所示。

果酱面包配料比例表

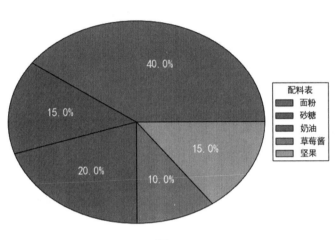

图 4.4

（3）代码精讲

通过调用图例函数"plt.legend(wedges,elements)"，我们就可以将饼片外部的文本标签放在图例中，而饼片的数值标签仍然放在饼片内部。函数 legend() 的参数 wedges 和 elements 分别表示饼片实例列表和文本标签列表，而且这两个参数要一起配合使用才可以将饼片外部的文本标签放置在图例内部的任务中。

4.2 调整刻度范围和刻度标签

刻度范围是绘图区域中坐标轴的取值区间，包括 x 轴和 y 轴的取值区间。刻度范围是否合适直接决定绘图区域中图形展示效果的优劣。因此，调整刻度范围对可视化效果的影响非常明显。同理，刻度标签的样式也同样影响可视化效果的优劣。如果我们可以根据具体的数据结构和数据形式采用合适的刻度标签样式，那么不仅可以将数据本身的特点很好地展示出来，也可以让可视化效果变得更加理想。

通过观察图 4.1，细心的读者可能会发现两个可以改进的地方：一个是 x 轴范围可以缩小，因为图中左右两侧各有一部分空白区域；另一个是 x 轴上的刻度标签可以改成以圆周率为单位的刻度标签，这就是本节要探讨的刻度范围和刻度标签的内容。

4.2.1 调整刻度范围和刻度标签的方法

下面我们就通过 Python 代码的形式来讲解调整刻度范围和刻度标签的方法，具体以函数 xlim()和函数 xticks()为例进行讲解。

（1）代码实现

```
import matplotlib.pyplot as plt
import numpy as np

x = np.linspace(-2*np.pi,2*np.pi,200)
y = np.sin(x)

# set subplot(211)
plt.subplot(211)

# plot figure
plt.plot(x,y)

# set subplot(212)
plt.subplot(212)

# set xlimit
plt.xlim(-2*np.pi,2*np.pi)

# set ticks
plt.xticks([-2*np.pi,-3*np.pi/2,-1*np.pi,-1*(np.pi)/2,0,(np.pi)/2,np.pi,
3*np.pi/2,2*np.pi],

[r"$-2\pi$",r"$-3\pi/2$",r"$-\pi$",r"$-\pi/2$",r"$0$",r"$\pi/2$",r"$\pi$",r"
$3\pi/2$",r"$2\pi$"])

# plot figure
plt.plot(x,y)

plt.show()
```

（2）运行结果

运行结果如图 4.5 所示。

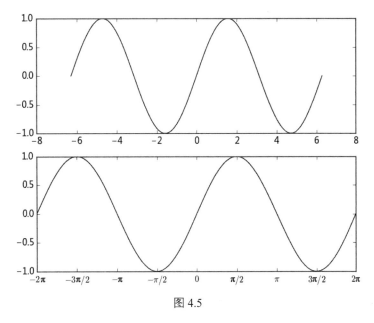

图 4.5

（3）代码精讲

为了加强调整刻度范围和刻度标签前后变化的对比效果，我们将图 4.1 中的正弦曲线保留，去掉余弦曲线。同时，我们调用子区函数 subplot()，关于子区函数 subplot() 的具体用法，我们留在 4.2.2 节里进行讲解。图 4.5 中上面的一幅图是正弦函数曲线，下面一幅图是改进后的正弦曲线。具体来讲，我们通过调用 xlim() 函数来改变 x 轴的刻度范围，使得绘图区域中的图形变得更加紧凑。我们又通过函数 xticks() 来改变刻度标签。具体而言，就是将刻度标签变成以圆周率为单位的刻度标签，使得图形内容更加便于理解和观察。同样，我们利用 matplotlib 的自带 TeX 的功能实现渲染文本内容的需要，通过使用 r"$$" 模式，将 LaTeX 的表达式\pi 嵌入 r"$$"中的美元符号之间。一般而言，对于在 "r"$text\pi $"" 中的非数学表达式文本 text 会以斜体形式输出，并且最终输出时就会呈现印刷级别的文档效果。在字符串 "r"$text\pi$"" 的开始之处有一个标记 "r"，表示该字符串是 raw strings，字符串按照 TeX 规范进行解析，通常情况下不可以省略。

4.2.2 延伸阅读——函数 subplot()

在代码实现部分我们调用了子区函数 subplot()，这个函数专门用来绘制几何形状相同的网格区域，子区顾名思义就是将画布分成若干个子画布，这些子画布就构成了几何形状规则且对称的矩形绘图区域，然后在这些绘图区域上分别绘制图形。例如，子区函数 subplot(211) 和子区函数 subplot(212) 代表首先在画布上分隔出一个 2 行 1 列的画布格式，然后在一个 2 行 1 列的画布格式上分别绘制图形 1 和图形 2。

在一般情况下，刻度标签的数值范围都是升序排列的，也就是说坐标轴的交点是(0,0)原点。但是，在很多科学实验或科学试验的情况中，收集到的原始数据进行可视化展示时，需要将刻度范围调整成降序排列，方便科研人员观测数据的规律和特征。接下来，我们就通过案例加以说明。

4.2.3 案例——逆序设置坐标轴刻度标签

我们通过调整函数 xlim() 的参数内容来实现逆序展示刻度标签的可视化需求。这样，我们就可以根据具体的展示需求来灵活调整坐标轴刻度标签的数值排序方向，轻松实现升序和降序刻度标签的标记需求。

（1）代码实现

```python
# -*- coding:utf-8 -*-

import matplotlib as mpl
import matplotlib.pyplot as plt
import numpy as np

mpl.rcParams["font.sans-serif"]=["FangSong"]
mpl.rcParams["axes.unicode_minus"]=False

time = np.arange(1,11,0.5)
machinePower = np.power(time,2)+0.7

plt.plot(time,machinePower,
        linestyle="-",
        linewidth=2,
        color="r")

plt.xlim(10,1)

plt.xlabel("使用年限")
plt.ylabel("机器功率")

plt.title("机器损耗曲线")

plt.grid(ls=":",lw=1,color="gray",alpha=0.5)

plt.show()
```

（2）运行结果

运行结果如图 4.6 所示。

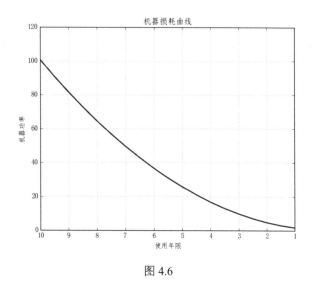

图 4.6

（3）代码精讲

通过使用函数 xlim()实现将"使用年限"的刻度标签值降序排列，其中的关键是将函数 xlim(xmin,xmax)的参数 xmin 和 xmax 调换顺序，进而变成 xlim(xmax,xmin)实现的可视化效果。这样，就可以直观清晰地反映出机器的性能随着使用年限的推移而产生的下降情况。

4.3 向统计图形添加表格

通过使用 matplotlib 可以绘制精美的统计图形，数据可视化的主要作用就是直观地解释数据，以使观察者可以发现数据背后的规律或是趋势变化。但是，有时候为了更加全面地凸显数据的规律和特点，需要将统计图形和数据表格结合使用。例如，在第 3 章中，我们介绍了饼图的相关知识，但是饼图只是从数据的比例分布角度进行数据可视化展示，如果结合原始数据综合分析数据的特点和规律，那么对数据的可视化展示效果会更加使人印象深刻。这样，我们就从相对角度和绝对角度两方面来全面展示数据的内在特点和意义。

我们以前面讲过的饼图为例，进一步地向饼图中添加数据表格来全面展示数据的规律特征。

同时，从多元化分析的角度来看，通过添加数据表格可以借助其他统计图形来揭示数据的深层含义。从而更好地把握数据本身的结构特点、内在规律，进而更加客观地观察和理解数据。

下面我们就通过 Python 代码的形式来讲解如何给统计图形添加表格，这里我们以上面讲过的饼图为例将表格添加到统计图形里。

（1）代码实现

```
# -*- coding:utf-8 -*-

import matplotlib as mpl
```

```
import matplotlib.pyplot as plt

mpl.rcParams["font.sans-serif"]=["SimHei"]
mpl.rcParams["axes.unicode_minus"]=False

labels = "A 难度水平","B 难度水平","C 难度水平","D 难度水平"

students = [0.35,0.15,0.20,0.30]

explode = (0.1,0.1,0.1,0.1)

colors = ["#377eb8","#e41a1c","#4daf4a","#984ea3"]

# exploded pie chart
plt.pie(students,
        explode=explode,
        labels=labels,
        autopct="%1.1f%%",
        startangle=45,
        shadow=True,
        colors=colors)

plt.title("选择不同难度测试试卷的学生占比")

# add table to pie figure
colLabels = ["A 难度水平","B 难度水平","C 难度水平","D 难度水平"]
rowLabels = ["学生选择试卷人数"]
studentValues = [[350,150,200,300]]
colColors = ["#377eb8","#e41a1c","#4daf4a","#984ea3"]

plt.table(cellText=studentValues,
        cellLoc="center",
        colWidths=[0.1]*4,
        colLabels=colLabels,
        colColours=colColors,
        rowLabels=rowLabels,
        rowLoc="center",
        loc="bottom")

plt.show()
```

（2）运行结果

运行结果如图 4.7 所示。

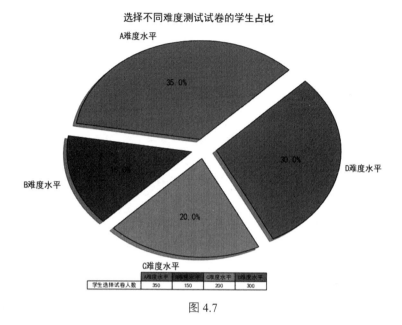

图 4.7

（3）代码精讲

在上述代码中，我们主要添加了函数 table()，函数 table()各参数的含义如下。

- cellText：表格的数值，将源数据按照行进行分组，每组数据放在列表里存储，所有组数据再放在列表里储存。
- cellLoc：表格中的数据对齐位置，可以左对齐、居中和右对齐。
- colWidths：表格每列的宽度。
- colLabels：表格每列的列名称。
- colColours：表格每列的列名称所在单元格的颜色。
- rowLabels：表格每行的行名称。
- rowLoc：表格每行的行名称对齐位置，可以左对齐、居中和右对齐。
- loc：表格在画布中的位置。

通过上面的表格，我们就可以清楚地知道学生选择不同难度试卷的实际人数，从相对和绝对角度分别考察试卷的难易程度对学生选择试卷的影响情况，使得后续的分析结论能够更加客观和全面地反映试卷的难度对学生考试的影响。

第 **2** 篇

精进

通过第 1 篇的学习，读者基本对 matplotlib 的图形组成元素有了全面了解，也对这些图形组成元素的模块 pyplot 的 API 函数的使用方法和技术细节有了清晰认识。这样，在第 2 篇，我们就可以对这些图形组成元素进行更加深入和精细地研究，从而实现使用 matplotlib 进行高级操作的目标，实现定制化和个性化需求。

第 **5** 章

统计图形绘制进阶：图形样式

5.1 设置坐标轴的刻度样式

刻度作为统计图形的一部分，由刻度标签和刻度线组成，如果需要进一步设置刻度样式，就需要介绍两个概念，定位器（locator）和刻度格式器（formatter）。刻度定位器用来设置刻度线的位置；刻度格式器用来设置刻度标签的显示样式。

本节我们主要围绕刻度定位器和刻度格式器的使用方法和操作细节阐述，使读者全面掌握坐标轴刻度样式的设置方法和组成元素。

5.1.1 刻度定位器和刻度格式器的使用方法

下面我们就通过 Python 代码的形式来讲解设置坐标轴的刻度样式的方法，主要讲解刻度定位器和刻度格式器的设置方法。

（1）代码实现

```
import matplotlib.pyplot as plt
import numpy as np
from matplotlib.ticker import AutoMinorLocator, MultipleLocator, FuncFormatter
```

```python
x = np.linspace(0.5,3.5,100)
y = np.sin(x)

fig = plt.figure(figsize=(8,8))
ax = fig.add_subplot(111)

# set x y-major_tick_locator
ax.xaxis.set_major_locator(MultipleLocator(1.0))
ax.yaxis.set_major_locator(MultipleLocator(1.0))

# set x,y-minor_tick_locator
ax.xaxis.set_minor_locator(AutoMinorLocator(4))
ax.yaxis.set_minor_locator(AutoMinorLocator(4))

# set x-minor_tick_formatter

def minor_tick(x, pos):  # n % n = 0; m % n = m(m<n)
    if not x % 1.0:
        return ""
    return "%.2f" % x

ax.xaxis.set_minor_formatter(FuncFormatter(minor_tick))

# change the appearance of ticks and tick labels
ax.tick_params("y",which='major',
            length=15,width=2.0,
            colors="r")
ax.tick_params(which='minor',
            length=5,width=1.0,
            labelsize=10, labelcolor='0.25')

# set x,y_axis_limit
ax.set_xlim(0,4)
ax.set_ylim(0,2)

# plot subplot
ax.plot(x,y, c=(0.25, 0.25, 1.00), lw=2, zorder=10) # pair 0
#ax.plot(x,y, c=(0.25, 0.25, 1.00), lw=2, zorder=0) # pair 1

# set grid
ax.grid(linestyle="-", linewidth=0.5, color='r', zorder=0) # pair 0
#ax.grid(linestyle="-", linewidth=0.5, color='r', zorder=10) # pair 1
#ax.grid(linestyle="--", linewidth=0.5, color='.25', zorder=0) # only one
```

```
plt.show()
```

（2）运行结果

运行结果如图 5.1 所示。

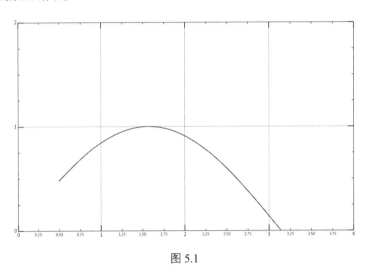

图 5.1

（3）代码精讲

我们需要先从模块 ticker 导入类 AutoMinorLocator、MultipleLocator 和 FuncFormatter。接下来构建一个 Figure 画布对象，向画布中添加一个 1 行 1 列的子区，从而生成一个 Axes 实例 ax，再分别设置 x 轴和 y 轴的主刻度线的位置，其中 ax.xaxis 和 ax.yaxis 分别获得 x 轴实例和 y 轴实例。我们以 x 轴为例，讲一下主刻度线位置的设置，"ax.xaxis.set_major_locator (MultipleLocator(1.0))" 语句会在 x 轴的 1 倍处分别设置主刻度线，其中参数 MultipleLocator(1.0)就是设置主刻度线的显示位置。

设置次要刻度线的显示位置。我们以 x 轴为例，通过使用 "ax.xaxis.set_minor_locator(AutoMinorLocator(4))"语句来设置次要刻度线的显示位置，其中参数 AutoMinorLocator(4)表示将每一份主刻度线区间等分 4 份。

设置好刻度线的显示位置后要设置次要刻度线显示位置的精度，这个通过实例方法 set_minor_formatter()完成，其中参数 FuncFormatter()是用来控制位置精度的。

这样我们就完成了刻度线的显示位置以及位置精度的设置。

下面我们来讲解一下刻度线和刻度标签样式的设置方法。

刻度样式的设置主要通过 tick_params()实例方法完成。

主刻度样式的设置方法的具体执行语句是 "ax.tick_params(which="major",length=15,width=2.0, colors="r")"，实例方法 tick_params()关键字参数的具体含义如下所示。

- which：设置主刻度的样式。
- length：设置主刻度线的长度。

- width：设置主刻度线的宽度。
- colors：设置主刻度线和主刻度标签的颜色。

次要刻度样式的设置方法的具体执行语句是"ax.tick_params(which='minor', length=5,width=1.0,labelsize=10, labelcolor='0.25')"，执行语句中实例方法 tick_params()的关键字参数的含义如下。

- which：设置次要刻度的样式。
- length：设置次要刻度线的长度。
- width：设置次要刻度线的宽度。
- labelsize：设置次要刻度标签的大小。
- labelcolor：设置次要刻度标签的颜色。

以上执行语句基本上可以完成刻度样式的设置任务。最后，我们通过调用函数 show()进行可视化效果的展示输出。

5.1.2 调用模块 pyplot 中的函数实现刻度样式的设置

我们已经知道，语句"ax.tick_params()"是通过调用实例 ax 的实例方法进行刻度样式设置的。同时，通过调用模块 pyplot 中的函数也可以实现刻度样式的设置工作。具体而言，模块 pyplot 中的刻度样式的设置是通过函数 tick_params()实现的，即可以执行语句"plt.tick_params()"来进行刻度样式的设置。前者是 matplotlib 的面向对象的操作方法，后者是调用模块 pyplot 的 API 的操作方法，这是两种不同思想的操作模式，虽然使用 pyplot 模块绘制图表非常方便，但是要想使图表有更多的调整和定制化展示，还是应该使用 matplotlib 的面向对象的操作方法。希望大家加以甄别和掌握，从而根据具体的实践需求灵活地运用相应的操作方法，实现高效精细地展示数据集的可视化目标。

上述内容我们主要讲解了刻度定位器和刻度格式器的设置方法和应用案例，这些都属于坐标轴的刻度样式的设置。我们知道刻度样式还包括刻度标签和刻度线的样式。下面主要介绍设置刻度标签和刻度线样式的具体方法。

5.1.3 案例 1——刻度标签和刻度线样式的定制化

下面，我们结合具体案例，分别通过调整 *x* 轴的刻度标签和 *y* 轴的刻度线的样式，来讲解面向对象的操作方法。

（1）代码实现

```
import matplotlib.pyplot as plt
import numpy as np

fig = plt.figure(facecolor=(1.0,1.0,0.9412))

ax = fig.add_axes([0.1,0.4,0.5,0.5])

for ticklabel in ax.xaxis.get_ticklabels():
```

```
        ticklabel.set_color("slateblue")
        ticklabel.set_fontsize(18)
        ticklabel.set_rotation(30)

    for tickline in ax.yaxis.get_ticklines():
        tickline.set_color("lightgreen")
        tickline.set_markersize(20)
        tickline.set_markeredgewidth(2)

    plt.show()
```

（2）运行结果

运行结果如图 5.2 所示。

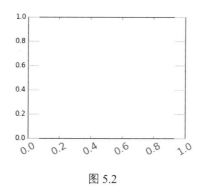

图 5.2

（3）代码精讲

首先生成 Figure 实例 fig，然后向画布添加坐标轴生成实例 ax，其中，add_axes()的参数是一个坐标轴位置和大小的四元列表。通过 ax.xaxis 获得 x 轴实例，调用实例方法 get_ticklabels()获得 Text 实例列表，使用 for 循环对实例元素 Text 进行不同属性的属性值的设置。同理，通过 ax.yaxis 获得 y 轴实例，从而借助实例方法 get_ticklines()获得 Line2D 实例列表，也是使用 for 循环对实例元素 Line2D 进行不同属性的属性值的设置。最终，完成坐标轴的刻度标签和刻度线的样式的设置工作。

5.1.4　案例 2——货币和时间序列样式的刻度标签

通常时间序列数据是通过复杂的代码和方法实现的。然而，对于初学者而言，这种实现途径是有难度的。因此，我们介绍一种简便的展示时间序列数据的方法，以满足读者相应数据集的展示需求。同时，如果读者需要展示财务方面的数据，就需要标示数据的计量单位，这种实践需求也是可以通过调整刻度标签的样式获得实现的。下面我们来讲解货币和时间序列样式的刻度标签的设置方法。

（1）代码实现

```
import matplotlib.pyplot as plt
import numpy as np

from calendar import month_name,day_name
from matplotlib.ticker import FormatStrFormatter

fig = plt.figure()

ax = fig.add_axes([0.2,0.2,0.7,0.7])

x = np.arange(1,8,1)
y = 2*x

ax.plot(x,y,ls="-",lw=2,color="orange",marker="o",ms=20,mfc="c",mec="c")

# RMB ticklabel
ax.yaxis.set_major_formatter(FormatStrFormatter(r"$\yen%1.1f$"))
# dayName ticklabel
plt.xticks(x,day_name[0:7],rotation=20)

ax.set_xlim(0,8)
ax.set_ylim(0,18)

plt.show()
```

（2）运行结果

运行结果如图 5.3 所示。

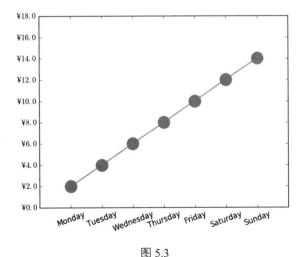

图 5.3

（3）代码精讲

在图 5.3 中，我们将 x 轴和 y 轴的刻度标签分别换成日期标签和货币标签。对于日期标签，通过导入标准库 calendar 中的 day_name 实例获得日期形式的刻度标签。对于货币标签，我们通过从模块 ticker 中导入类 FormatStrFormatter，将实例 FormatStrFormatter(r"\$\yen%1.1f\$")作为参数值代入实例方法 Axes.set_major_formatter()中实现格式化坐标轴标签，其中 "r"\$\yen%1.1f\$"" 用来生成保留两位有效数字的人民币计量的刻度标签。

5.2 添加有指示注解和无指示注解

当我们想对图形做出一些注释和说明时，可以使用注解 annotate，相对应的面向对象的实例方法是 Axes.annotate()。注解本身也有作用对象之分，有对细节做出标志的有指示注解和对整体做出说明的无指示注解两类。接下来，我们就逐一加以说明。

有指示注解是通过箭头指示的方法对绘图区域中的内容进行解释的标注方法。无指示注解是单纯使用文本进行内容解释或是说明的标注方法。为了清楚地说明这两种注解的使用方法和应用场景，我们通过具体代码来讲解有指示注解和无指示注解的设置方法。

5.2.1 有指示注解和无指示注解的添加方法

下面我们就用 Python 语句来讲解两类注解的操作方法，有指示注解和无指示注解的添加方法主要是通过函数 annotate()和 text()来实现的。

（1）代码实现

```python
import numpy as np
import matplotlib.pyplot as plt

x = np.linspace(0.5,3.5,100)
y = np.sin(x)

fig = plt.figure(figsize=(8,8))
ax = fig.add_subplot(111)

# set subplot
ax.plot(x, y, c="b", ls="--",lw=2)

# Annotate the point xy with text with  the "arrowstyle"
ax.annotate("maximum",xy=(np.pi/2,1.0),xycoords="data",
            xytext=((np.pi/2)+0.15,0.8),textcoords="data",
            weight="bold",color="r",
            arrowprops=dict(arrowstyle="->",
                            connectionstyle="arc3",
```

```
                            color="r"))

# Annotate the whole points with text without  the "arrowstyle"
# Add text to the axes
ax.text(2.8,0.4,"$y=\sin(x)$",fontsize=20,color="b",
        bbox=dict(facecolor='y', alpha=0.5))

plt.show()
```

（2）运行结果

运行结果如图 5.4 所示。

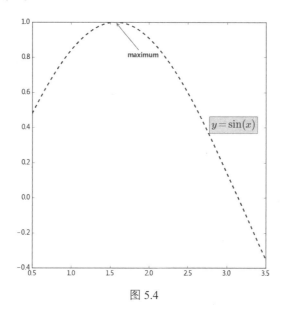

图 5.4

（3）代码精讲

首先生成实例 ax，然后绘制折线图 ax.plot()。接下来，我们对折线图做出进一步说明，我们需要指出折线图的顶点，这就需要借助有指示注解来加以说明，为了解释实例方法 annotate()的使用方法，我们对代码实现部分的语句进行简化处理，以使读者掌握实例方法 annotate()中的参数使用方法。通过调用"ax.annotate(s,xy,xycoords,xytext,textcoords,weight,color,arrowprops)"语句来实现绘制有指示注解的目标，其中参数的含义如下所示。

- s：注解的内容。
- xy：需要进行解释的位置，即被解释内容的位置。
- xycoords：xy 的坐标系，参数值"data"表示与折线图使用相同的坐标系统。
- xytext：注释内容所在的位置，如果把注释内容想象成一个矩形，xytext 标记的是左下角顶点的位置。

- textcoords：xytext 的坐标系统。
- weight：注解内容的显示风格。
- color：注解内容的颜色。
- arrowprops：指示箭头的属性，包括箭头风格、颜色等。

对折线图的顶点进行详细的解释后，我们需要对折线图本身加以说明，告诉读者这是一条正弦函数曲线的局部，这时候就需要添加无指示注解。通过调用 ax.text(x,y,s,**kw) 实例方法来完成，其参数的含义如下所示。

- x,y：注解的横纵坐标，如果把注释内容想象成一个矩形，x,y 标记的是左下角顶点的位置。
- s：注解内容。

值得注意的是，有指示注解和无指示注解的主要区别是有无箭头显示，也就是对被解释内容的精确定位。

在 Python 数据可视化的实践中，有指示注解和无指示注解的应用领域和范围非常广泛，实践案例自然也非常丰富。下面，我们就通过一系列实践案例来掌握它们灵活多样的使用技巧。

5.2.2 案例 1——圆角文本框的设置

我们已经介绍过向图形中添加无指示文本的方法。进一步，我们不仅可以向这种文本添加文本框，还可以改变文本框的展示样式。下面，我们就通过具体案例来讲解将文本框设置为圆角效果。

（1）代码实现

```python
import matplotlib.pyplot as plt
import numpy as np

x = np.linspace(0.0,10,40)
y = np.random.randn(40)

plt.plot(x,y,ls="-",lw=2,
        marker="o",
        ms=20,
        mfc="orange",
        alpha=0.6)

plt.grid(ls=":",color="gray",alpha=0.5)

plt.text(6,0, "Matplotlib", size=30, rotation=30.,
        bbox=dict(boxstyle="round",
                ec="#8968CD",
                fc="#FFE1FF"))

plt.show()
```

（2）运行结果

运行结果如图 5.5 所示。

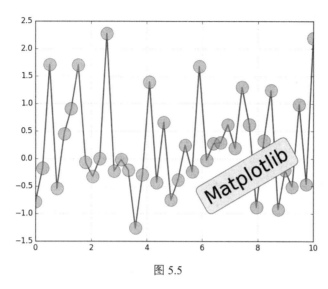

图 5.5

（3）代码精讲

圆角文本框"Matplotlib"的效果是通过 Rectangle 属性字典 bbox 实现的，具体是使用关键字参数 bbox 的字典参数值中的键值对"boxstyle="round""实现的，其中的键值"round"还可以改成"square"，进而形成直角线框的效果。

5.2.3　案例 2——文本的水印效果

我们已经介绍文本框的圆角效果的实现方法。现在，我们想尝试将无指示注解产生水印效果。

（1）代码实现

```
import matplotlib.pyplot as plt
import numpy as np

x = np.linspace(0.0,10,40)
y = np.random.randn(40)

plt.plot(x,y,ls="-",lw=2,
        marker="o",
        ms=20,
        mfc="orange",
        alpha=0.6)
```

```
plt.grid(ls=":",color="gray",alpha=0.5)

plt.text(1,2,"Matplotlib",fontsize=50,color="gray",alpha=0.5)

plt.show()
```

（2）运行结果

运行结果如图 5.6 所示。

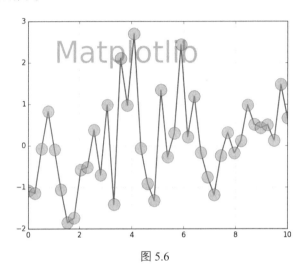

图 5.6

（3）代码精讲

文本的水印效果是通过函数 text() 中的关键字参数 alpha 的设定来实现的，关键字参数 alpha 的取值越小，文本的水印效果越明显。为了凸显文本的水印效果，最好也将图形的透明度调高，即将关键字参数 alpha 的数值调小。

5.2.4　案例 3——圆角线框的有弧度指示的注解

我们已经介绍过向图形中添加有指示注解的操作方法。进一步地，我们不仅可以将文本框显示为圆角效果，还可以将指示箭头出现转角的可视化效果。下面，我们就具体看看圆角线框的有弧度指示的文本的实现方法。

（1）代码实现

```
import matplotlib.pyplot as plt
import numpy as np

x = np.linspace(0,10,2000)
y = np.sin(x)*np.cos(x)
```

```
fig = plt.figure()
ax = fig.add_subplot(111)

ax.plot(x,y,ls="-",lw=2)

bbox = dict(boxstyle="round",fc="#7EC0EE",ec="#9B30FF")
arrowprops = dict(arrowstyle="-|>",
                  connectionstyle="angle,angleA=0,angleB=90,rad=10",
                  color="r")

ax.annotate("single point",
            (5,np.sin(5)*np.cos(5)),
            xytext=(3,np.sin(3)*np.cos(3)),
            fontsize=12,color="r",
            bbox=bbox,arrowprops=arrowprops)

ax.grid(ls=":",color="gray",alpha=0.6)

plt.show()
```

（2）运行结果

运行结果如图 5.7 所示。

（3）代码精讲

我们通过图 5.7 可以观察到：有弧度指示的注解主要是借助 Axes 的实例方法 annotate() 的关键字参数 arrowprops 中的键值对 "connectionstyle="angle,angleA=0,angleB=90,rad=10"" 来完成的，圆角线框是通过关键字参数 bbox 的字典参数值 "bbox = dict(boxstyle="round",fc="#7EC0EE",ec ="#9B30FF")" 来实现的，其中的键 "boxstyle" 的键值还可以选择 "square"。

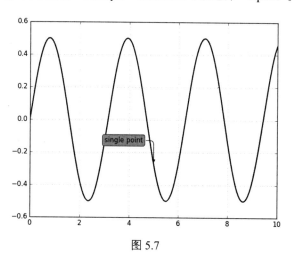

图 5.7

5.2.5　案例 4——有箭头指示的趋势线

一方面，我们可以单一地展示指示箭头而将注解隐藏，从而产生只有指示箭头的展示效果，进而用这种没有文本的指示箭头作为趋势线来反映折线的趋势变化和周期规律；另一方面，我们也可以使用其他方法实现有指示箭头作为趋势线的可视化需求。下面，我们就分别讲解这两种趋势线的实现方法和样式特征。

（1）代码实现

```python
import matplotlib.pyplot as plt
import numpy as np

x = np.linspace(0,10,2000)
y = np.sin(x)

fig = plt.figure()
ax = fig.add_subplot(111)

ax.plot(x,y,ls="-",lw=2)

ax.set_ylim(-1.5,1.5)

arrowprops = dict(arrowstyle="-|>",color="r")

ax.annotate("",
            (3*np.pi/2,np.sin(3*np.pi/2)+0.05),
            xytext=(np.pi/2,np.sin(np.pi/2)+0.05),
            color="r",
            arrowprops=arrowprops)

ax.arrow(0.0,-0.4,np.pi/2,1.2,
        head_width=0.05, head_length=0.1,
        fc='g', ec='g')

ax.grid(ls=":",color="gray",alpha=0.6)

plt.show()
```

（2）运行结果

运行结果如图 5.8 所示。

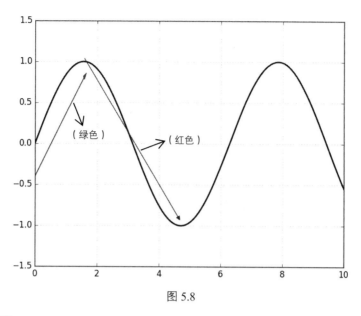

图 5.8

（3）代码精讲

借助 Axes 的实例方法 arrow() 绘制出图 5.8 中的绿色箭头，但是箭头不是正三角形。借助 Axes 的实例方法 annotate() 可以绘制出没有注解的指示箭头，而且箭头是正三角形的。实例方法 arrow(x,y,dx,dy) 中的参数 dx 是参数 x 的水平增量，对应的参数 dy 是参数 y 的垂直增量。

5.2.6 案例 5——桑基图

有指示注解不仅可以用来作为图形内容的注释，还可以抽象为一种图形。这种图形就是桑基图，桑基图是一种特定类型的流量图。在流量图中，指示箭头的宽度是与流量的大小成比例的。流量图的典型应用场景是可视化呈现能量、物质或是成本在流动过程中的转移情况。

（1）代码实现

```
# -*- coding:utf-8 -*-

import matplotlib.pyplot as plt
import matplotlib as mpl
import numpy as np

from matplotlib.sankey import Sankey

mpl.rcParams["font.sans-serif"]=["FangSong"]
mpl.rcParams["axes.unicode_minus"]=False

flows=[0.2,0.1,0.4,0.3,-0.6,-0.05,-0.15,-0.2]
```

```
labels=["","","","","family","trip","education","sport"]
orientations=[1,1,0,-1,1,-1,1,0]

sankey = Sankey()

sankey.add(flows=flows,
        labels=labels,
        orientations=orientations,
        color="c",
        fc="lightgreen",
        patchlabel="Life Cost",
        alpha=0.7)

diagrams = sankey.finish()
diagrams[0].texts[4].set_color("r")
diagrams[0].texts[4].set_weight("bold")
diagrams[0].text.set_fontsize(20)
diagrams[0].text.set_fontweight("bold")

plt.title("日常生活的成本开支的流量图")

plt.show()
```

（2）运行结果

运行结果如图 5.9 所示。

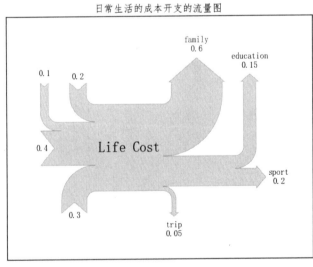

图 5.9

（3）代码精讲

首先，通过使用语句"from matplotlib.sankey import Sankey"，从 matplotlib 中的模块 sankey 导入类 Sankey，调用语句"Sankey()"生成实例"sankey"。然后分别调用实例方法 add() 和 finish() 完成桑基图的基础绘制工作。列表 flows 中的负值表示流出量，正值表示流入量。列表 orientations 中的 −1、0 和 1 分别表示流量的显示位置在下方、水平和上方。最后，调整流量图 diagrams[0] 的文本"List Cost"和"family"的显示样式、颜色等属性的属性值。

5.3 实现标题和坐标轴标签的投影效果

标题和坐标轴标签都是对绘图区域中的图形进行注释的文本内容，既然是文本内容，我们就可以对文本内容的样式进行设置。设置标题和坐标轴的投影效果就是调整文本内容样式的有力探索。下面，我们就分别完成设置标题和坐标轴标签的投影效果的工作。

5.3.1 实现标题和坐标轴标签的投影效果的操作方法

下面我们就用 Python 语句来讲解实现标题和坐标轴标签的投影效果的操作方法，这里不能简单地通过调用函数来实现。我们需要引入一个新类 patheffects（路径效果），从而完成后续的操作。

（1）代码实现

```
import matplotlib.pyplot as plt
import matplotlib.patheffects as pes
import numpy as np

x = np.linspace(0.5,3.5,100)
y = np.sin(x)

fontsize = 23

# plot a sin(x) func
plt.plot(x,y,ls="--",lw=2)

# set text contents
title = "$y=\sin({x})$"
xaxis_label = "$x\_axis$"
yaxis_label = "$y\_axis$"

# get text instance
title_text_obj = plt.title(title,fontsize=fontsize,va="bottom")
xaxis_label_text_obj =
plt.xlabel(xaxis_label,fontsize=fontsize-3,alpha=1.0)
```

```
    yaxis_label_text_obj                                                    =
plt.ylabel(yaxis_label,fontsize=fontsize-3,alpha=1.0)

    # set shadow
    title_text_obj.set_path_effects([pes.withSimplePatchShadow()])
    pe = pes.withSimplePatchShadow(offset=(1,-1),shadow_rgbFace="r",alpha=.3)
    xaxis_label_text_obj.set_path_effects([pe])
    yaxis_label_text_obj.set_path_effects([pe])

    plt.show()
```

（2）运行结果

运行结果如图 5.10 所示。

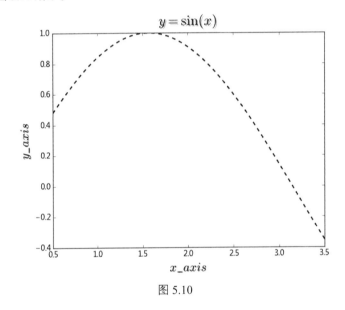

图 5.10

（3）代码精讲

这里我们引入一个新类 patheffects（路径效果），将 patheffects 简记成 pes。首先，我们先对标题和坐标轴标签的内容进行添加，将标题和坐标轴的文本内容对象进行保存，放到变量 title_text_obj、xaxis_label_text_obj 和 yaxis_label_text_obj 中。然后，设置文本内容投影，这里主要通过调用 Artist 抽象基类的实例方法 Artist.set_path_effects(path_effects)来实现，实例方法 set_path_effects(path_effects) 中的参数 path_effects 是实例列表，列表中的实例就是调用 pes 类中的 withSimplePatchShadow 类。初始化函数 withSimplePatchShadow()的主要参数的含义如下所示。

- offset：文本内容投影相对文本内容本身的偏离距离。
- shadow_rgbFace：投影的颜色。
- alpha：投影的透明度，范围是 0.0~1.0，数值越大透明度越小。

通过上面的操作实现了文本内容的投影效果，通过前面所讲的坐标轴位置和样式的操作方法和本节介绍的操作方法，读者基本可以掌握对图画细节和定制化的操作方法，这些方法是具有泛化性的，读者可以根据自身的实际需求灵活地运用书中所讲的操作方法，从而满足自己的具体研究、工作和学习的需要。

我们除了可以给坐标轴标签添加投影效果，还可以给坐标轴标签添加文本框，以及调整文本框的位置，同样会实现强调文本内容的目的。下面通过案例详细介绍。

5.3.2 案例——给坐标轴标签添加文本框

前面，我们已经讲解过给坐标轴标签设置投影效果的方法，以及给无指示注解添加文本框的设置方法。下面，我们就结合这些知识来具体讲解给坐标轴标签添加文本框和调整文本框位置的实现方法。

（1）代码实现

```python
import matplotlib.pyplot as plt
import numpy as np

x = np.linspace(0.5,3.5,100)
y = np.sin(x)

fig = plt.figure(figsize=(8,8))
ax = fig.add_subplot(111)

box = dict(facecolor="#6959CD",pad=2,alpha=0.4)
ax.plot(x, y, c="b", ls="--",lw=2)

# set text contents
title = "$y=\sin({x})$"
xaxis_label = "$x\_axis$"
yaxis_label = "$y\_axis$"

ax.set_xlabel(xaxis_label,fontsize=18,bbox=box)
ax.set_ylabel(yaxis_label,fontsize=18,bbox=box)
ax.set_title(title,fontsize=23,va="bottom")

ax.yaxis.set_label_coords(-0.08,0.5)  # axes coords
ax.xaxis.set_label_coords(1.0,-0.05)  # axes coords

ax.grid(ls="-.",lw=1,color="gray",alpha=0.5)

plt.show()
```

（2）运行结果

运行结果如图 5.11 所示。

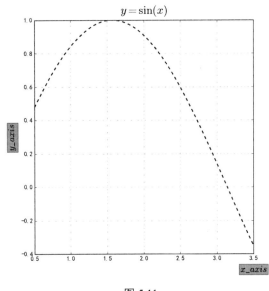

图 5.11

（3）代码精讲

通过调用 Axes 的实例方法 set_xlabel()和 set_ylabel()，关键字参数 bbox 是实现坐标轴标签文本框的关键，参数值是字典数据结构，而且实例方法 set_label_coords()是确定文本位置的关键，实例方法 set_label_coords()的参数采用 Axes 坐标轴系统，即取值范围从 0.0 到 1.0，数值取负数表示与坐标轴方向相反的距离。例如(-0.5,0.1)表示左边坐标轴的左侧和底部坐标轴上方的距离交点。因此，有序数对(a,b)表示 x 轴长度 a 倍的距离左侧坐标轴的水平距离和 y 轴长度 b 倍的距离底部坐标轴的垂直距离。

第 **6** 章

划分画布的主要函数

本章我们专门讨论划分画布的相关函数。这里就需要引入一个概念：子区。子区顾名思义就是将画布分成若干子画布，这些子画布构成绘图区域，在这些绘图区域上分别绘制图形。因此，子区的本质就是在纵横交错的行列网格中，添加绘图坐标轴。这样就实现了一张画布多张图形分区域展示的效果。这也是组织子区相关代码的逻辑顺序。接下来，我们先来讲解子区相关函数。

6.1 函数 subplot()：绘制网格区域中的几何形状相同的子区布局

本节主要介绍子区函数 subplot()的使用方法。这个函数是专门用来绘制网格区域中的几何形状相同的子区布局。子区函数的调用签名可以是 subplot(numRows,numCols,plotNum)，也可以是 subplot(CRN)。

下面，介绍一下这三个参数的含义。

如果子区函数 subplot()的三个参数分别是整数 C、整数 R 和整数 P，即 subplot(C,R,P)，那么这三个整数就表示在 C 行、R 列的网格布局上，子区 subplot()会被放置在第 P 个位置上，即为将被创建的子区编号，子区编号从 1 开始，起始于左上角，序号依次向右递增。也就是说，每行的子区位置都是从左向右进行升序计数的，即 subplot(2,3,4)是第 2 行的第 1 个子区。

6.1.1　函数 subplot()的使用方法

下面我们就通过 Python 代码的形式来讲解函数 subplot()的使用方法。下面的代码就绘制了一个 1 行 2 列的子区，然后在两个子区上分别绘制了正弦曲线和余弦曲线。

（1）代码实现

```python
import matplotlib.pyplot as plt
import numpy as np

x = np.linspace(-2*np.pi,2*np.pi,200)
y = np.sin(x)
y1 = np.cos(x)

# set figure #1
plt.subplot(121)

plt.plot(x,y)

# set figure #2
plt.subplot(122)

plt.plot(x,y1)

plt.show()
```

（2）运行结果

运行结果如图 6.1 所示。

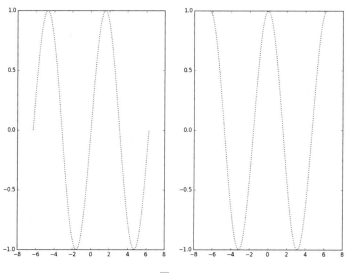

图 6.1

（3）代码精讲

函数 subplot(121)和函数 subplot(122)代表在画布上分隔出一个 1 行 2 列的画布格式，实现在画布上绘制"1 行 2 列"的图形 1"正弦曲线"和图形 2"余弦曲线"的绘图布局。

下面我们结合本节所讲的函数 subplot()和面向对象（object-oriented）调用实例方法的使用技术，进一步探讨在极坐标轴上绘制折线图和散点图的方法。

6.1.2 案例 1——在极坐标轴上绘制折线图

我们通常是在直角坐标系下绘制折线图，其实在极坐标系下，也可以实现绘制折线图的目标。

（1）代码实现

```
import matplotlib.pyplot as plt
import numpy as np
radii = np.linspace(0,1,100)
theta = 2*np.pi*radii

ax = plt.subplot(111,polar=True)

ax.plot(theta,radii,color="r",linestyle="-",linewidth=2)

plt.show()
```

（2）运行结果

运行结果如图 6.2 所示。

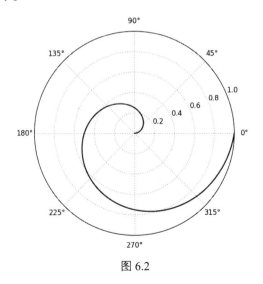

图 6.2

（3）代码精讲

通过调用函数 subplot() 获得坐标轴实例 ax，使用面向对象调用实例方法的技术完成在极坐标轴上绘制折线图的任务，其中极径和极角作为折线图的数量参数，同时，依然可以设置折线图的线型、颜色和线宽等属性。

6.1.3　案例 2——在极坐标轴上绘制散点图

在极坐标系下，我们可以将极径和极角作为一对有序数对，实现绘制散点图的可视化目标。

（1）代码实现

```
import matplotlib as mpl
import matplotlib.pyplot as plt
import numpy as np

radii = 30*np.random.rand(100)
theta = 2*np.pi*np.random.rand(100)
colors = np.random.rand(100)
size = 50*radii

ax = plt.subplot(111,polar=True)

ax.scatter(theta,radii,s=size,c=colors,cmap=mpl.cm.PuOr,marker="*")

plt.show()
```

（2）运行结果

运行结果如图 6.3 所示。

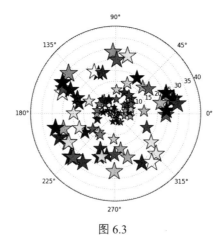

图 6.3

（3）代码精讲

通过调用函数 subplot()获得坐标轴实例 ax，使用面向对象调用实例方法的技术完成在极坐标轴上绘制散点图的任务，其中极径和极角作为散点图的有序数对被标记在图中。同时，我们还设置了标记的样式、颜色和大小。对于标记颜色的设定，我们使用了颜色映射表"PuOr"为标记着色，关于颜色映射表的更多使用细节，在后续章节会有具体的讲解。

6.1.4　案例 3——在非等分画布的绘图区域上实现图形展示

通常子区函数 subplot()用来完成等分画布的绘图展示的任务，如果在画布上需要进行非等分画布的图形展示时，我们可以多次调用函数 subplot()来完成非等分画布的绘图准备任务。

（1）代码实现

```python
import matplotlib.pyplot as plt
import numpy as np

fig = plt.figure()

x = np.linspace(0.0,2*np.pi)
y = np.cos(x)*np.sin(x)

ax1 = fig.add_subplot(121)
ax1.margins(0.03)
ax1.plot(x,y,ls="-",lw=2,color="b")

ax2 = fig.add_subplot(222)
ax2.margins(0.7,0.7)
ax2.plot(x,y,ls="-",lw=2,color="r")

ax3 = fig.add_subplot(224)
ax3.margins(x=0.1,y=0.3)
ax3.plot(x,y,ls="-",lw=2,color="g")

plt.show()
```

（2）运行结果

运行结果如图 6.4 所示。

（3）代码精讲

在图 6.4 中，我们使用实例方法 add_subplot()绘制了非等分画布的绘图区域的多子区折线图，左侧图形是通过实例方法 add_subplot(121)完成的，右侧上下两幅图形是通过实例方法 add_subplot(222)和 add_subplot(224)绘制完成的。完成非等分画布的任务的关键是 add_subplot(121)和 add_subplot(222)在网格布局上存在重叠子区 subplot(122)。需要补充的是，实例方法 margins(m)可以设置数据范围的空白区域，也就是说，m 倍的数据区间会被添加到原来数据区间的两端，数据范围的空白区域的调

115

整类型既包括 x 轴也包括 y 轴的数据区间，参数 m 的取值范围是大于 -0.5 的任意浮点数。

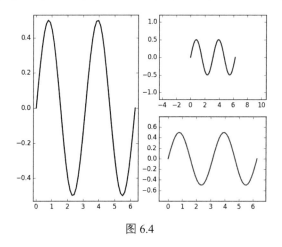

图 6.4

6.2 函数 subplot2grid()：让子区跨越固定的网格布局

我们已经介绍了子区函数 subplot() 的用法，但是这种子区函数只能绘制等分画布形式的图形样式，要想按照绘图区域的不同展示目的，进行非等分画布形式的图形展示，需要向画布多次使用子区函数 subplot() 完成非等分画布的展示任务，但是这么频繁地操作显得非常麻烦，而且在划分画布时易于出现疏漏和差错。因此，我们需要用高级的方法使用子区，需要定制化的网格区域，这个函数就是 subplot2grid()，通过使用 subplot2grid() 函数的 rowspan 和 colspan 参数可以让子区跨越固定的网格布局的多个行和列，实现不同的子区布局。

6.2.1 函数 subplot2grid() 的使用方法

下面我们就通过 Python 代码的形式来讲解函数 subplot2grid() 的使用方法和操作细节。

（1）代码实现

```
# -*- coding:utf-8 -*-

import matplotlib as mpl
import matplotlib.pyplot as plt
import numpy as np

mpl.rcParams["font.sans-serif"]=["SimHei"]
mpl.rcParams["axes.unicode_minus"]=False
# set subplot(23,1-2)
plt.subplot2grid((2,3),(0,0),colspan=2)
```

```
x = np.linspace(0.0,4.0,100)
y = np.random.randn(100)
plt.scatter(x,y,c="c")
plt.title("散点图")

# set subplot(233)
plt.subplot2grid((2,3),(0,2))
plt.title("空白绘图区域")

# set subplot(23,4-6)
plt.subplot2grid((2,3),(1,0),colspan=3)
x = np.linspace(0.0,4.0,100)
y1 = np.sin(x)
plt.plot(x,y1,lw=2,ls="-")
plt.xlim(0,3)
plt.grid(True,ls=":",c="r")
plt.title("折线图")

# set figure title
plt.suptitle("subplot2grid()函数的实例展示",fontsize=25)

plt.show()
```

（2）运行结果

运行结果如图 6.5 所示。

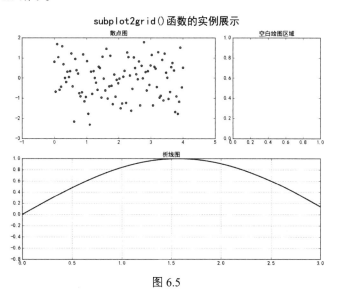

图 6.5

（3）代码精讲

我们通过调用函数 subplot2grid(shape,loc)，将参数 shape 所划定的网格布局作为绘图区域，实现在参数 loc 位置处绘制图形的目的。上面的代码中，参数 shape 设置了一个 2 行 3 列的网格布局，参数 loc 表示元组的第一个和第二个数字的起点都是 0。以"plt.subplot2grid((2,3),(0,0),colspan=2)"语句为例，参数 loc=(0,0) 就表示图形将第一行和第一列作为位置起点，跨越两列。相应的，"plt.subplot2grid((2,3),(0,2))"语句就表示图形将第一行和第三列作为位置起点。值得注意的是，图形位置的索引起点是从 0 开始算起的，而不是像子区函数 subplot() 中的图形位置是从 1 开始算起的。

函数 suptitle() 是绘制 Figure 画布标题的文本内容，函数 title() 是绘制坐标轴 Axes 实例的图形标题的文本内容，希望读者加以区别使用。

6.2.2　延伸阅读——模块 gridspec 中的类 GridSpec 的使用方法

在 matplotlib 中，存在一个模块 gridspec。模块 gridspec 是一个可以指定画布中子区位置或者说是布局的"分区"模块。在模块 gridspec 中，有一个类 GridSpec。类 GridSpec 可以指定网格的几何形状，也就是说，可以划定一个子区的网格状的几何结构。我们需要设定网格的行数和列数，以此确定子区的划分结构样式。下面，我们就举例说明模块 gridspec 中的类 GridSpec 的使用方法。

（1）代码实现

```python
import matplotlib.pyplot as plt
import numpy as np

from matplotlib.gridspec import GridSpec

fig = plt.figure()
gs = GridSpec(2, 2)

box = {"facecolor":"lightgreen","pad":3,"alpha":0.2}

# subplot(2,2,1-2)
x1 = np.arange(0, 1e5, 500)
ax1 = fig.add_subplot(gs[0, :],axis_bgcolor="yellowgreen")
ax1.plot(x1,"k--",lw=2)
ax1.set_ylabel('YLabel0,0-1',bbox=box)
ax1.set_xlabel('XLabel0,0-1',bbox=box)
ax1.yaxis.set_label_coords(-0.1,0.5)

# subplot(2,2,3)
x2 = np.linspace(0,1000,10)
y2 = np.arange(1,11,1)
ax2 = fig.add_subplot(gs[1,0],axisbg="cornflowerblue")
ax2.scatter(x2,y2,s=20,c="grey",marker="s",linewidths=2,edgecolors="k")
ax2.set_ylabel("YLabel10",bbox=box)
```

```
ax2.set_xlabel("XLabel10",bbox=box)
for ticklabel in ax2.get_xticklabels():
    ticklabel.set_rotation(45)
ax2.yaxis.set_label_coords(-0.25,0.5)
ax2.xaxis.set_label_coords(0.5,-0.25)

# subplot(2,2,4)
x3 = np.linspace(0,10,100)
y3 = np.exp(-x3)
ax3 = fig.add_subplot(gs[1,1])
ax3.errorbar(x3,y3,fmt="b-",yerr=0.6*y3,ecolor="lightsteelblue",elinewid
th=2,capsize=0,errorevery=5)
ax3.set_ylabel("YLabel11",bbox=box)
ax3.set_xlabel("XLabel11",bbox=box)
ax3.xaxis.set_label_coords(0.5,-0.25)
ax3.set_ylim(-0.1,1.1)
ax3.set_yticks(np.arange(0,1.1,0.1))

gs.tight_layout(fig)

plt.show()
```

（2）运行结果

运行结果如图 6.6 所示。

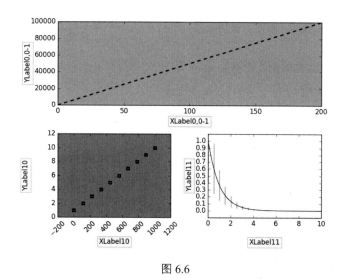

图 6.6

（3）代码精讲

119

首先，我们通过语句"GridSpec(2, 2)"生成一个 2 行 2 列的实例 gs。

然后，我们要将画布划分成 2 行 2 列的网格状几何形状。实例方法 add_subplot()的参数 gs[0,:]表示将第 1 行、全部列作为子区，参数 gs 的索引是从 0 开始算起的，即 gs[1,0]表示第 2 行第 1 列的子区位置。类 GridSpec(2,2)和实例 gs 的子区位置索引等特点，与函数 subplot2grid(shape,loc)是很类似的。参数 shape 设置了行列的网格布局，参数 loc 所表示的元组的第一个和第二个数字的索引起点都是从 0 开始的。因此，根据实例 gs 的子区位置索引的特点，我们分别绘制了 gs[1,0]和 gs[1,1]位置的子区 add_subplot()。在这三个子区里，我们分别绘制了折线图、散点图和误差棒图。

最后，我们为了使子区 gs[0,:]和子区 gs[1,0]的 y 轴坐标轴标签的位置对齐，调用实例方法 set_label_coords(x,y)进行位置调整，参数 x 和参数 y 的默认坐标系统是 Axes 坐标系统。值得注意的是，在 matplotlib2.2.2 中，我们可以直接调用类 Figure 的实例 fig 的实例方法 fig.align_labels()，实现坐标轴标签位置的对齐，同理也可以实现 x 轴和 y 轴的坐标轴标签位置的对齐，即通过"fig.align_xlabels()"和"fig.align_ylabels()"语句实现。

6.3 函数 subplots()：创建一张画布带有多个子区的绘图模式

我们使用函数 subplots()，只用一句 matplotlib.pyplot.subplots()调用命令就可以非常便捷地创建 1 行 1 列的网格布局的子区，而且同时创建一个画布对象。也就是说，函数 subplots()的返回值是一个（fig，ax）元组，其中，fig 是 Figure 实例，ax 可以是一个 axis 对象，如果是多个子区被创建，那么 ax 可以是一个 axis 对象数组。因此，使用函数 subplots()可以创建一张画布带有多个子区的绘图模式的网格布局。

下面我们就结合典型的案例讨论函数 subplots()的使用场景，就具体操作而言，我们通过 Python 代码的形式来逐一进行讲解。

6.3.1 案例 1——创建一张画布和一个子区的绘图模式

（1）代码实现

```
# -*- coding:utf-8 -*-

import matplotlib as mpl
import matplotlib.pyplot as plt
import numpy as np

mpl.rcParams["font.sans-serif"]=["FangSong"]
mpl.rcParams["axes.unicode_minus"]=False
```

```
font_style = dict(fontsize=18,weight="black")

#First create sample data:
x = np.linspace(0,2*np.pi,500)
y = np.sin(x)*np.cos(x)

# Create just a figure and only one subplot
fig, ax = plt.subplots(1,1,subplot_kw=dict(axisbg="cornflowerblue"))

ax.plot(x,y,"k--",lw=2)
ax.set_xlabel("时间（秒）",**font_style)
ax.set_ylabel("振幅",**font_style)
ax.set_title('简单折线图',**font_style)

ax.set_xlim(0,2*np.pi)
ax.set_ylim(-0.65,0.65)

ax.grid(ls=":",lw=1,color="gray",alpha=0.8)

# Show figure and subplot(s)
plt.show()
```

（2）运行结果

运行结果如图 6.7 所示。

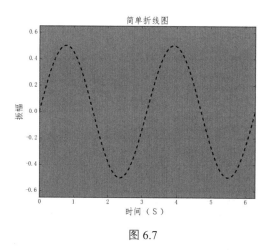

图 6.7

（3）代码精讲

调用函数 subplots(1,1) 等同于调用函数 subplots()，因为函数 subplots() 的参数 nrows 和 ncols 的默认值都是 1。因此，调用函数 subplots() 后，返回值是一个元组（fig，ax），即生成一个画布对象 fig

和一个坐标轴实例 ax。坐标轴实例 ax 可以绘制折线图，并设置坐标轴标题。函数 subplots() 的关键字参数 subplot_kw 设置坐标轴的背景色。

6.3.2 案例 2——创建一张画布和两个子区的绘图模式

（1）代码实现

```python
# -*- coding:utf-8 -*-

import matplotlib as mpl
import matplotlib.pyplot as plt
import numpy as np

mpl.rcParams["font.sans-serif"]=["LiSu"]
mpl.rcParams["axes.unicode_minus"]=False

font_style = dict(fontsize=18,weight="black")

#First create sample data
x = np.linspace(0,2*np.pi,500)
y = np.sin(x)*np.exp(-x)

# Create just a figure and only one subplot
fig, ax = plt.subplots(1,2,sharey=True)

# subplot(121)
ax1 = ax[0]
ax1.plot(x,y,"k--",lw=2)
ax1.set_title('折线图')
ax1.grid(ls=":",lw=1,color="gray",alpha=0.8)

# subplot(122)
ax2 = ax[1]
ax2.scatter(x,y,s=10,c="skyblue",marker="o")
ax2.set_title("散点图")

# Create a figure title
plt.suptitle("创建一张画布和两个子区的绘图模式",**font_style)

# Show figure and subplot(s)
plt.show()
```

（2）运行结果

运行结果如图 6.8 所示。

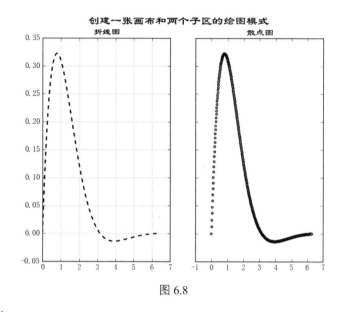

图 6.8

（3）代码精讲

首先，通过调用函数 subplots(1,2)，生成一个画布对象和一个坐标轴实例数组，画布对象和实例数组分别存储在变量 fig 和 ax 中。然后分别在坐标轴 ax1 和坐标轴 ax2 上绘制折线图和散点图。

为了清楚地说明画布内容我们调用了函数 plt.suptitle()，同时调用实例方法 Axes.title()解释每个子区的绘图区域内容。

提示：

如果我们想要改变子区边缘相距画布边缘的距离和子区边缘之间的高度与宽度的距离，可以调用函数 subplots_adjust(*agrs,**kwargs)进行设置，其中的关键字参数 left、right、bottom、top、hspace 和 wspace 都有默认值，而且是使用 Axes 坐标轴系统度量的，即使用闭区间[0,1]的浮点数，前四个关键字参数可以调节子区距离画布的距离，关键字参数 wspace 控制子区之间的宽度距离，关键字参数 hspace 控制子区之间的高度距离。因此，借助函数 subplots_adjust()可以有效实现子区的画布布局的空间位置的调整。

上面，我们讲解了使用函数 subplots()创建多种绘图模式的应用案例。下面，我们结合前面讲过的统计图形和相关知识，再次使用函数 subplots()创建更加复杂的绘图模式，实现更加精彩的可视化效果。

6.3.3 案例 3——多种统计图形的组合展示

我们尝试将前面讲过的统计图形进行有效地组合，同时调用前面有关统计图形的操作方法，进而借助函数 subplots()来创建多种统计图形的组合展示的可视化模式。

（1）代码实现

```python
import matplotlib.pyplot as plt
import numpy as np

fig,ax = plt.subplots(2,3)

# subplot(231)
colors = ["#8dd3c7","#ffffb3","#bebada"]
ax[0,0].bar([1, 2, 3],[0.6, 0.2, 0.8],color=colors,width=0.5,hatch="///",
align="center")
    ax[0,0].errorbar([1,2,3],[0.6,   0.2,   0.8],yerr=0.1,capsize=0,ecolor="#
377eb8",fmt="o:")
    ax[0,0].set_ylim(0,1.0)

# subplot(232)
    ax[0,1].errorbar([1,2,3],[20, 30, 36],xerr=2,ecolor="#4daf4a",elinewidth=2,
fmt="s",label="ETN")
    ax[0,1].legend(loc=3,fancybox=True,shadow=True,fontsize=10,borderaxespad
=0.4)
    ax[0,1].set_ylim(10,40)
    ax[0,1].set_xlim(-2,6)
    ax[0,1].grid(ls=":",lw=1,color="grey",alpha=0.5)

# subplot(233)
    x3 =np.arange(1,10,0.5)
    y3 = np.cos(x3)
    ax[0,2].stem(x3,y3,basefmt="r-",linefmt="b-.",markerfmt="bo",label="life
signal")
    ax[0,2].legend(loc=2,fontsize=8,frameon=False,borderpad=0.0,borderaxespa
d=0.6)
    ax[0,2].set_xlim(0,11)
    ax[0,2].set_ylim(-1.1,1.1)

# subplot(234)
    x4 = np.linspace(0,2*np.pi,500)
    x4_1 = np.linspace(0,2*np.pi,1000)
    y4 = np.cos(x4)*np.exp(-x4)
    y4_1 = np.sin(2*x4_1)
    line1,line2, = ax[1,0].plot(x4,y4,"k--",x4_1,y4_1,"r-",lw=2)
    ax[1,0].legend((line1,line2),("energy","patience"),
                loc="upper center",
                fontsize=8,ncol=2,
```

```
                            framealpha=0.3,
                            mode="expand",
                            columnspacing=2,
                            borderpad=0.1)

ax[1,0].set_ylim(-2,2)
ax[1,0].set_xlim(0,2*np.pi)


# subplot(235)
x5 = np.random.rand(100)
ax[1,1].boxplot(x5,vert=False,showmeans=True,meanprops=dict(color="g"))
ax[1,1].set_yticks([])
ax[1,1].set_xlim(-1.1,1.1)
ax[1,1].set_ylabel("Micro SD Card")
ax[1,1].text(-1.0,1.2,"net weight",
            fontsize=20,
            style="italic",
            weight="black",
            family="monospace")


# subplot(236)
mu = 0.0
sigma = 1.0

x6 = np.random.randn(10000)
n,bins,patches = ax[1,2].hist(x6,bins=30,
                            histtype="stepfilled",
                            cumulative=True,
                            normed=True,
                            color="cornflowerblue",
                            label="Test")

y = ((1 / (np.sqrt(2 * np.pi) * sigma)) *
    np.exp(-0.5 * (1 / sigma * (bins - mu))**2))
y = y.cumsum()
y /= y[-1]

ax[1,2].plot(bins,y,"r--",linewidth=1.5,label="Theory")

ax[1,2].set_ylim(0.0,1.1)
ax[1,2].grid(ls=":",lw=1,color="grey",alpha=0.5)
ax[1,2].legend(loc="upper left",
            fontsize=8,
            shadow=True,
```

```
                fancybox=True,
                framealpha=0.8)

# adjust subplots() layout
plt.subplots_adjust()

plt.show()
```

（2）运行结果

运行结果如图 6.9 所示。

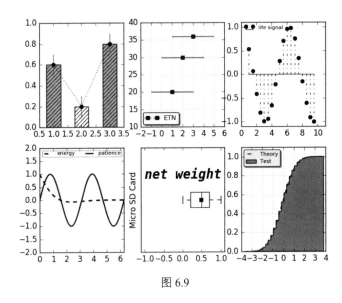

图 6.9

（3）代码精讲

我们调用函数 subplots(2,3)生成一个元组（fig，ax），其中，fig 是 Figure 的画布实例，ax 是一个由 axis 组成的数组 array。数组 ax 的形状 shape 是 2 行 3 列的，数组 ax 的索引是从 0 开始计数的。因此，我们先从 ax[0,1]子区开始讲起，即子区 subplot(2,3,1)。

在子区 subplot(231)中，我们绘制了包含误差棒的柱状图，而且柱状图带有"斜线"的几何图案。误差棒的方向是垂直 x 轴的，误差棒之间使用虚线连接。

在子区 subplot(232)中，我们绘制了水平方向的误差棒。同时,使用关键字参数 ecolor 和 elinewidth 调整了误差棒的颜色和线宽。我们将图例放在左下角，而且借助关键字参数 borderaxespad 将图例与坐标轴的空白距离进行调整。图例的外边框使用圆角形式进行展示。使用实例方法 grid()调整了线条样式、线宽、线条颜色和网格透明度的网格线，以求凸显误差棒的度量精度。

在子区 subplot(233)中，我们绘制了棉棒图，同时调整了棉棒图的组成元素的样式属性值。我们将图例放在左上角，而且使用关键字参数 frameon 将图例的边界框去掉。调整图例内部的空白距离和图例与坐标轴之间的空白距离。

在子区 subplot(234)中，我们使用实例方法 plot()同时绘制了两条折线，而且对折线的颜色、线型和线宽进行了调整。使用变量 line1 和 line2，用来存储实例 Line2D 组成的列表里的实例 Line2D 元素。在图例中，我们将实例 line1 和实例 line2 与图例条目文本内容对应放在实例方法 legend()中，同时使用关键字参数 framealpha 调整了图例背景的透明度，而且使用关键字参数 mode 将图例中的条目文本并排水平放置。

在子区 subplot(235)中，我们绘制了水平放置的箱线图，同时向图中添加了文本内容作为注释，文本内容简单地进行了文本样式和字体的调整。

在子区 subplot(236)中，我们绘制了累积（cumulative=True）的阶梯填充型直方图，而且用频率或者称为密度的数值（normed=True）进行直方图高度的标示。

最后，在直方图的基础上，绘制了正态分布的概率密度曲线。在调用实例方法 grid()的过程中，为了突出数据的趋势变化，我们借助关键字参数 ls、lw、color 和 alpha，调整了网格线的线条样式、线宽、线条颜色和网格透明度的属性值。

第 **7** 章

共享绘图区域的坐标轴

在使用 matplotlib 实践 Python 数据可视化的过程中，我们都离不开一个重要的呈现载体：画布（figure）。我们的所有数据可视化实践都是在画布上进行操作和展示的。因此，画布的有效和正确地使用就成为需要重点研究的方面。要想实现画布的合理使用，可以借助共享绘图区域的坐标轴实现。因为，坐标轴是图形的重要载体，同时也是划分画布绘图区域的有效展示工具。

7.1 共享单一绘图区域的坐标轴

在第 6 章我们已经探讨了划分画布的主要函数的相关话题，通过使用子区可以在一张画布中创建多个绘图区域，然后在每个绘图区域分别绘制图形。有时候，我们又想将多张图形放在同一个绘图区域，不想在每个绘图区域只绘制一幅图形。这时候，就可以借助共享坐标轴的方法实现在一个绘图区域绘制多幅图形的目的。因此，本节我们主要探讨将多张图形放在同一个绘图区域的方法，让读者全面掌握共享坐标轴在一个绘图区域绘制多幅图形的方法，从而应对今后实际的项目和工作任务。

下面我们就通过 Python 代码的形式，来讲解共享单一绘图区域的坐标轴的具体操作方法。

（1）代码实现

```
# -*- coding:utf-8 -*-
```

```
import matplotlib as mpl
import matplotlib.pyplot as plt
import numpy as np

mpl.rcParams["font.sans-serif"]=["SimHei"]
mpl.rcParams["axes.unicode_minus"]=False

fig, ax1 = plt.subplots()
t = np.arange(0.05,10.0,0.01)
s1 = np.exp(t)
ax1.plot(t,s1,c="b",ls="-")

# set x-axis label
ax1.set_xlabel("x 坐标轴")

# Make the y-axis label, ticks and tick labels match the line color.
ax1.set_ylabel("以 e 为底指数函数", color="b")
ax1.tick_params("y", colors="b")

# ax1 shares x-axis with ax2.
ax2 = ax1.twinx()

s2 = np.cos(t**2)
ax2.plot(t,s2,c="r",ls=":")

# Make the y-axis label, ticks and tick labels match the line color.
ax2.set_ylabel("余弦函数",color="r")
ax2.tick_params("y", colors="r")

plt.show()
```

（2）运行结果

运行结果如图 7.1 所示。

（3）代码精讲

我们使用第 6 章中介绍的函数 subplots()，生成坐标轴实例 ax1，绘制折线图 ax1.plot()，使用 ax1.set_ylabel()和 ax1.tick_params()实例方法将 y 轴标签、主刻度线和刻度标签都设置成蓝色。调用实例方法 ax1.twinx()生成实例 ax2，此时实例 ax2 的 x 轴与实例 ax1 的 x 轴是共享的，实例 ax2 的刻度线和刻度标签在右侧轴脊处绘制。使用 ax2.set_ylabel()和 ax2.tick_params()实例方法将右侧 y 轴标签、主刻度线和刻度标签都设置成红色（具体效果见插页）。这样，我们就实现了将两幅图形绘制在同一个绘图区域。相应的，我们也可以调用 Axes.twiny()实例方法满足共享 y 轴的可视化需求。

129

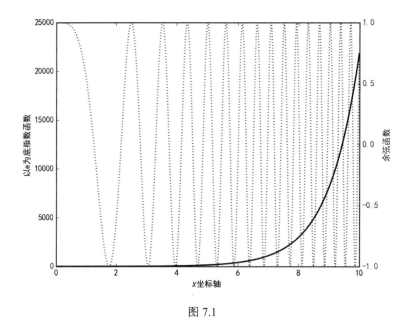

图 7.1

7.2 共享不同子区绘图区域的坐标轴

很多时候，我们需要共享不同子区的绘图区域的坐标轴，以求强化绘图区域的展示效果，实现精简绘图区域的目的。这时，我们通过调整函数 subplots()中的参数 sharey（或是参数 sharex）的不同取值情况，从而实现共享不同子区的绘图区域的坐标轴的需求。下面，就让我们来全面掌握函数 subplots()在共享不同子区的绘图区域的坐标轴的设置方法，以实现正确和灵活地使用函数 subplots()。

在 6.3 节中，当我们介绍函数 subplots()的使用方法时，调用签名使用了 "subplots(1,2,sharey=True)" 的形式，其中参数 sharey 表示子区 1 和子区 2 共享 y 坐标轴。相对应的，还可以设置参数 sharex 的取值形式。具体而言，参数 sharex 和参数 sharey 的取值形式有四种，分别是 "row" "col" "all" 和 "none"，其中 "all" 和 "none" 分别等同于 "True" 和 "False"。下面我们以参数 sharex 为例就四种参数取值形式分别进行讲解，参数 sharey 的取值形式与使用方法和参数 sharex 完全相同，这里不再赘述。

7.2.1 设置方法

下面我们就通过 Python 代码的形式，来讲解共享绘图区域的坐标轴的具体实现方法。为了增强参数 sharex 取值变化前后的图形展示效果，我们首先绘制没有使用参数 sharex 和 sharey 的调用签名形式的图形。

（1）代码实现

```python
import matplotlib.pyplot as plt
import numpy as np

#create sample data

x1 = np.linspace(0, 2*np.pi, 400)
y1 = np.cos(x1**2)

x2 = np.linspace(0.01,10,100)
y2 = np.sin(x2)

x3 = np.random.rand(100)
y3 = np.linspace(0,3,100)

x4 = np.arange(0,6,0.5)
y4 = np.power(x4,3)

# set (2,2) subplots

fig,ax = plt.subplots(2, 2)

# set chart of each subplot

ax1 = ax[0,0]
ax1.plot(x1,y1)

ax2 = ax[0,1]
ax2.plot(x2,y2)

ax3 = ax[1,0]
ax3.scatter(x3,y3)

ax4 = ax[1,1]
ax4.scatter(x4,y4)

# Show figure and subplot(s)

plt.show()
```

（2）运行结果

运行结果如图 7.2 所示。

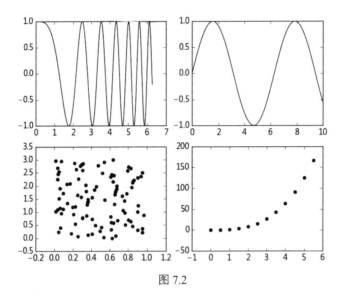

图 7.2

（3）代码精讲

我们通过调用函数 subplots(2,2)，生成一个 2 行 2 列的网格子区布局，可以看到 4 幅图形的 x 轴的范围和刻度标签都不相同。下面我们分成 4 种情况讨论参数 sharex 的取值情况及参数 sharex 的不同取值的具体展示效果。

情形 1：参数 sharex="all"

我们只需要将语句 plt.subplots(2,2)改成 plt.subplots(2,2,sharex="all")，其他语句不变。运行结果如图 7.3 所示。

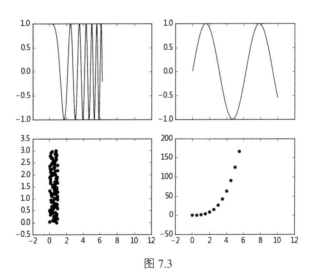

图 7.3

从图 7.3 中可以看到，4 幅图形的 *x* 轴取值范围使用了相同的范围，而且是采用了变量 *x2* 取值范围作为 *x* 轴的共享范围，变量 *x2* 的取值范围中的最大值是其他变量的取值范围中上限里的最大值。

情形 2：参数 sharex="none"

这种情形就是 plt.subplots(2,2)的情况，运行结果如图 7.4 所示。

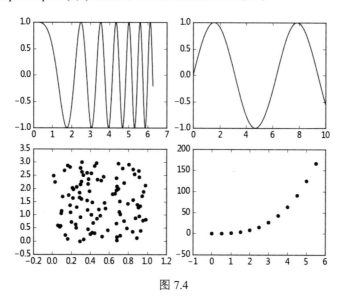

图 7.4

情形 3：参数 sharex="row"

这种情况是把子区中每一行的图形的 *x* 轴取值范围实现共享，而且是选择每一行中图形的 *x* 轴取值范围上限最大的那个取值范围作为共享范围，调用签名是"subplots(2,2,sharex="row")"，运行结果如图 7.5 所示。

情形 4：参数 sharex="col"

这种情况是把子区中的每一列的图形的 *x* 轴取值范围实现共享，而且是选择每一列中的图形的 *x* 轴取值范围上限最大的那个取值范围作为共享范围，调用签名是"subplots(2,2,sharex="col")"，运行结果如图 7.6 所示。

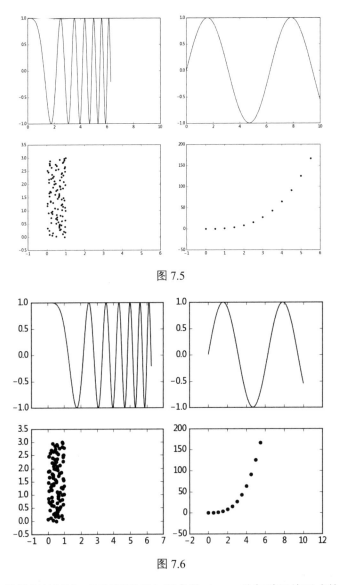

图 7.5

图 7.6

通过上面的 4 种情况的讨论，可以清楚地知道参数 sharex 的每种取值形式的具体图形效果，当然，我们也可以同时使用参数 sharex 和参数 sharey。读者可以根据具体情况灵活使用。

在情形 1 中，我们展示了参数 sharex 的取值是 "True" 的可视化效果。因此，4 个子区中每列下方的子区会将本列的 x 轴的刻度标签显示出来。我们继续考虑一种情形，能否将共享坐标轴的子区之间的空隙去掉，变成子区上下边缘是重合的情形？对于这个问题的答案是肯定的。

7.2.2　案例——将共享坐标轴的子区之间的空隙去掉

前面，我们讲过大量子区的实现方法和相关案例。但是，这些案例的可视化效果都有一个共同点，那就是子区之间存在空隙。很多时候，为了更好地实现可视化效果，这些空隙是应该去掉的。这样，我们才能实现理想的可视化需求。接下来我们就介绍将共享坐标轴的子区之间的空隙去掉的操作方法。

（1）代码实现

```python
import matplotlib.pyplot as plt
import numpy as np

x = np.linspace(0.0, 10.0, 200)
y = np.cos(x)*np.sin(x)
y2 = np.exp(-x)*np.sin(x)
y3 = 3*np.sin(x)
y4 = np.power(x,0.5)

fig,(ax1,ax2,ax3,ax4) = plt.subplots(4,1,sharex="all")

fig.subplots_adjust(hspace=0)

ax1.plot(x,y,ls="-",lw=2)
ax1.set_yticks(np.arange(-0.6,0.7,0.2))
ax1.set_ylim(-0.7, 0.7)

ax2.plot(x,y2,ls="-",lw=2)
ax2.set_yticks(np.arange(-0.05,0.36,0.1))
ax2.set_ylim(-0.1, 0.4)

ax3.plot(x,y3,ls="-",lw=2)
ax3.set_yticks(np.arange(-3,4,1))
ax3.set_ylim(-3.5,3.5)

ax4.plot(x,y4,ls="-",lw=2)
ax4.set_yticks(np.arange(0.0,3.6,0.5))
ax4.set_ylim(0.0,4.0)

plt.show()
```

（2）运行结果

运行结果如图 7.7 所示。

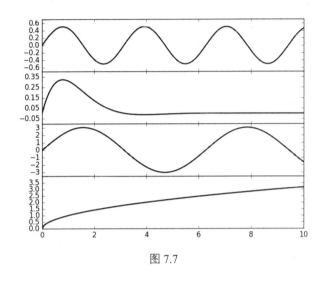

图 7.7

（3）代码精讲

通过观察图 7.7 可以看出 4 幅子图之间的水平方向上没有空隙，4 幅子图连接成 "一幅" 图形。这里的关键语句就是 "plt.subplots(4,1,sharex="all")" 和 "fig.subplots_adjust(hspace=0)"，第 1 条语句实现共享 x 轴的坐标轴刻度标签，第 2 条语句实现将 4 幅子图的水平方向的空隙去除。通过这两条关键语句就成功实现了 "拼接子图" 的可视化任务。

7.3 共享个别子区绘图区域的坐标轴

针对子区的绘图区域的坐标轴范围不同的情形，通过 7.2 节中介绍的共享不同子区的绘图区域的坐标轴的参数使用方法，我们可以对个别子区做出更加细微的局部调整，以求视图展示效果更加理想和美观。因此，本节内容是 7.2 节内容的进一步深化探索。

虽然我们实现了多个子区的坐标轴共享，但是有些子区的图形展示效果并不是很理想，所以我们想要某个子区的坐标轴范围作为共享坐标轴。代码部分我们还是以 7.2 节中的没有共享不同子区的绘图区域的坐标轴的代码为例。从代码的运行结果，即图 7.2，我们可以观察出子区 1 和子区 4 中 x 轴范围类似，子区 2 的 x 轴范围最大，子区 3 的 x 轴范围最小。因此，我们想让子区 4 共享子区 1 的 x 轴范围，子区 2 和子区 3 的 x 轴范围不改变。我们看看通过改变 7.2 节中的没有共享不同子区的绘图区域的坐标轴的代码，能不能实现我们的想法。

7.3.1 设置方法

下面我们就通过 Python 代码的形式，来讲解共享个别子区的绘图区域的坐标轴的具体操作方法。

（1）代码实现

```python
import matplotlib.pyplot as plt
import numpy as np

#create sample data:

x1 = np.linspace(0, 2*np.pi, 400)
y1 = np.cos(x1**2)

x2 = np.linspace(0.01,10,100)
y2 = np.sin(x2)

x3 = np.random.rand(100)
y3 = np.linspace(0,3,100)

x4 = np.arange(0,6,0.5)
y4 = np.power(x4,3)

# set (2,2) subplots

fig,ax = plt.subplots(2, 2)

# set chart of each subplot

ax1 = plt.subplot(221)
ax1.plot(x1,y1)

ax2 = plt.subplot(222)
ax2.plot(x2,y2)

ax3 = plt.subplot(223)
ax3.scatter(x3,y3)

ax4 = plt.subplot(224,sharex=ax1)
ax4.scatter(x4,y4)

# Show figure and subplot(s)

plt.show()
```

（2）运行结果

运行结果如图 7.8 所示。

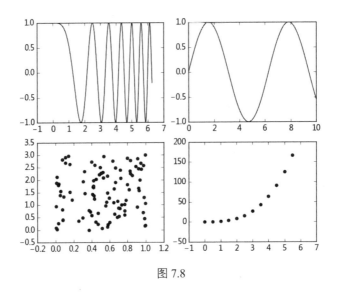

图 7.8

（3）代码精讲

通过运行结果，我们可以看到子区 4 的 x 轴范围已经共享子区 1 的 x 轴范围了。同理，我们也可以使用上面的方法，共享特定子区的 y 轴范围，如果还以子区 4 为例，调用签名是"subplot(224,sharey=ax1)"。

7.3.2　延伸阅读——用函数 autoscale()调整坐标轴范围

如果我们对某一个子区的坐标轴范围和数据范围的搭配比例不是很满意，可以使用函数 autoscale()进行坐标轴范围的自适应调整，以使图形可以非常紧凑地填充绘图区域。调用签名是"autoscale(enable=True,axis="both",tight=True)"。调用签名中的具体参数的含义如下所示。

- enable：进行坐标轴范围的自适应调整。
- axis：使 x、y 轴都进行自适应调整。
- tight：让坐标轴的范围调整到数据的范围上。

例如，我们将子区 3 的 x 轴范围调整到数据范围上，我们只需要在子区 3 的代码部分增加如下代码即可：

```
plt.autoscale(enable=True,axis="both",tight=True)。
```

相应的运行结果如图 7.9 所示。

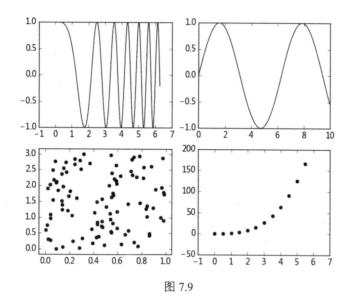

图 7.9

　　我们注意观察，子区 3 的坐标轴范围已经调整到数据本身的范围了。也就是说，x 轴范围调整到 0 至 1，y 轴范围调整到 0 至 3。这样，图形效果就变得更加紧凑和美观了。

第**3**篇

演练

通过第 2 篇的学习，读者已经全面系统地掌握了图形组成元素里的画布、子区和坐标轴等关键元素的使用场景及相应的使用方法。本篇我们就对坐标轴的相关话题和相关应用情形进行详细讲解，从而掌握坐标轴这一关键图形组成元素的使用要点和应用场景。这样，我们就可以应对和解决今后更加复杂和综合的实践项目问题，进而实现未来定制化的应用和实践需求。

第**8**章

坐标轴高阶应用

8.1 设置坐标轴的位置和展示形式

　　本节我们通过在画布任意区域和位置，讲解设置坐标轴的位置和坐标轴的展示形式的实现方法，让读者掌握坐标轴的位置和展示形式的设置方法，也让读者明白坐标轴的位置和展现形式既可以在子区中进行设置，也可以在画布的任何位置进行设置，从而全面理解坐标轴、子区和画布的关系。

　　下面，我们就通过具体案例进行演示和学习。

8.1.1 案例1——向画布中任意位置添加任意数量的坐标轴

　　这个做法非常类似于在画布中设置子区，但是子区不能在画布中的任何位置进行设置，添加坐标轴却可以在画布中进行任意结构形式的多图视图布局。通过向画布中添加坐标轴，我们可以实现在一个坐标轴中嵌套多个坐标轴的视图布局。例如，如果需要展示相同数据的不同展现形式或是相同实例的不同属性，那么就需要通过坐标轴生成的多个视图来表达，从而将多个图形放在一张图中。

　　（1）代码实现

```
import matplotlib.pyplot as plt
```

```
import numpy as np

# set #1 plot
plt.axes([0.05,0.7,.3,.3], frameon=True,axisbg="y",aspect="equal")
plt.plot(np.arange(3), [0,1,0], color="blue", linewidth=2, linestyle="--")

# set #2 plot
plt.axes([0.3,0.4,.3,.3], frameon=True,axisbg="y",aspect="equal")
plt.plot(2+np.arange(3), [0,1,0], color="blue", linewidth=2, linestyle="-")

# set #3 plot
plt.axes([0.55,0.1,.3,.3], frameon=True,axisbg="y",aspect="equal")
plt.plot(4+np.arange(3), [0,1,0], color="blue", linewidth=2, linestyle=":")

plt.show()
```

（2）运行结果

运行结果如图 8.1 所示。

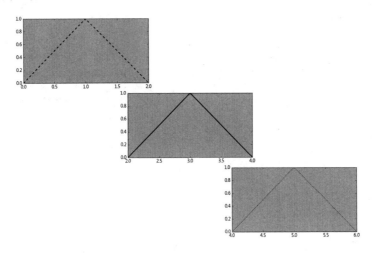

图 8.1

（3）代码精讲

上述代码试图通过多幅视图来展示函数 plot()中的参数 linestyle 的不同属性值的图形效果。不同于使用子区函数 subplot()、subplot2grid()和模块 matplotlib.gridspec 构建子区的方法，这些方法都只能在规则网格内进行视图布局。也就是说，只能在横纵交错的网格区域绘制子区模式，无法完成子区的交错、覆盖和重叠等视图组合模式。

函数 axes(rect,frameon=True,axisbg=" y ")的参数含义分别如下所示。

- 关键字参数 rect 也就是列表 rect=[left,bottom,width,height]，列表 rect 中的 left 和 bottom 两个元素分别表示坐标轴的左侧边缘和底部边缘距离画布边缘的距离，width 和 height 两个元素分别表示坐标轴的宽度和高度，left 和 width 两个元素的数值都是画布宽度的归一化距离，bottom 和 height 两个元素的数值都是画布高度的归一化距离。
- 关键字参数 frameon 的含义是如果布尔型参数 frameon 取值 True，则绘制坐标轴的四条轴脊；否则，不绘制坐标轴的四条轴脊。
- 关键字参数 axisbg 的含义是填充坐标轴背景的颜色。

8.1.2 案例 2——调整已经确定的坐标轴的显示、隐藏与刻度范围等问题

（1）代码实现

```python
import matplotlib.pyplot as plt
import numpy as np

# set #1 plot
plt.axes([0.05,0.7,.3,.3], frameon=True,axisbg="y",aspect="equal")
plt.plot(np.arange(3), [0,1,0], color="blue", linewidth=2, linestyle="--")
plt.ylim(0,1.5)
plt.axis("image")

# set #2 plot
plt.axes([0.3,0.4,.3,.3], frameon=True,axisbg="y",aspect="equal")
plt.plot(2+np.arange(3), [0,1,0], color="blue", linewidth=2, linestyle= "-")
plt.ylim(0,15)
plt.axis([2.1,3.9,0.5,1.9])

# set #3 plot
plt.axes([0.55,0.1,.3,.3], frameon=True,axisbg="y",aspect="equal")
plt.plot(4+np.arange(3), [0,1,0], color="blue", linewidth=2, linestyle=":")
plt.ylim(0,1.5)
plt.axis("off")

plt.show()
```

（2）运行结果

运行结果如图 8.2 所示。

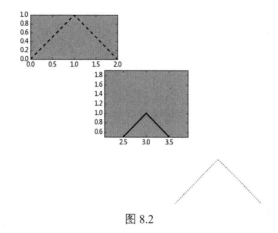

图 8.2

（3）代码精讲

上述代码中，我们除了调用函数 ylim() 和函数 axis()，其他部分与向画布中任意位置添加任意数量的坐标轴的代码相同，通过调用函数 axis()，分别实现了将图形变得紧凑、调整坐标轴的刻度范围和隐藏坐标轴的显示。具体而言，左上角的图形通过调用"plt.axis(" image ")"语句使画面紧凑，中间图形利用函数 axis([xmin,xmax,ymin,ymax])的参数，实现重新改变坐标轴范围的需求，右下角的视图使用"plt.axis("off")"语句将坐标轴完全隐藏而只显示函数 plot()的绘制图形。

<h2>8.1.3　延伸阅读——使用函数 axis()绘制坐标轴</h2>

上述两个案例的绘制原理，基本上都是首先调用函数 axes()绘制坐标轴，然后调用函数 axis()在原来坐标轴的基础上调整坐标轴的视图显示情况，包括可见性、范围和比例协调性等。

我们也可以通过调用函数 axis()实现绘制坐标轴，再绘制图形的可视化需求。

（1）代码实现

```python
import matplotlib.pyplot as plt
import numpy as np

plt.axis([3,7,-0.5,3])
plt.plot(4+np.arange(3), [0,1,0], color="blue", linewidth=4, linestyle="-")

plt.show()
```

（2）运行结果

运行结果如图 8.3 所示。

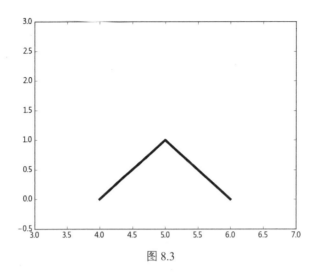

图 8.3

（3）代码精讲

通过上述简短的几行代码，我们就实现了绘制坐标轴和图形的需求，绘制的坐标轴范围是按照我们的要求展示的，折线图也是借助绘制的坐标轴进行绘制的。因此，我们可以通过调用函数 axis()实现绘制坐标轴的目标。

8.2 使用两种方法控制坐标轴刻度的显示

面对不同 Python 数据可视化的应用场景的定制化需求，我们需要对坐标轴刻度的显示进行有效的控制，以满足视图展示效果的要求。

前面讲过使用模块 pyplot 的 API 方法和调用 matplotlib 的面向对象的 API 方法，并对比了两种操作方法的特点。接下来，就给大家讲解一下关于 matplotlib 中的控制坐标轴刻度显示的两种方法：一种方法是调用 matplotlib 的面向对象的 API 中的 Axes.set_xticks()和 Axes.set_yticks()实例方法，实现不画坐标轴刻度的需求；另一种方法是调用模块 pyplot 的 API，使用函数 setp()设置刻度元素（ticklabel 和 tickline），更新显示属性的属性值为 False。

下面我们就通过 Python 代码的形式，向大家分别讲解这两种方法的技术细节。

8.2.1 方法 1——调用 Axes.set_xticks()和 Axes.set_yticks()实例方法

（1）代码实现

```
import matplotlib.pyplot as plt

ax1 = plt.subplot(121)
ax1.set_xticks(range(0,251,50))
```

```
plt.grid(True,axis="x")

ax2 = plt.subplot(122)
ax2.set_xticks([])
plt.grid(True,axis="x")

plt.show()
```

（2）运行结果

运行结果如图 8.4 所示。

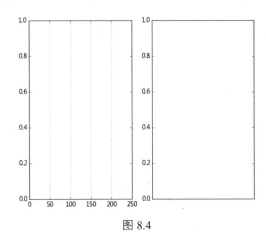

图 8.4

（3）代码精讲

上述左图是有刻度元素的图，右图是没有刻度元素的图。值得注意的是，如果不设置坐标轴刻度，那么网格线也不会被设置。设置刻度，包括设置刻度标签和刻度线。刻度标签可以通过 Axes.set_xticklabels() 和 Axes.set_yticklabels() 实例方法进行有效的设置。

8.2.2　方法 2——调用函数 setp()

（1）代码实现

```
import matplotlib.pyplot as plt

ax1 = plt.subplot(221)
plt.setp(ax1.get_xticklabels(),visible=True)
plt.setp(ax1.get_xticklines(),visible=True)
plt.grid(True,axis="x")

ax2 = plt.subplot(222)
plt.setp(ax2.get_xticklabels(),visible=True)
```

```
plt.setp(ax2.get_xticklines(),visible=False)
plt.grid(True,axis="x")

ax3 = plt.subplot(223)
plt.setp(ax3.get_xticklabels(),visible=False)
plt.setp(ax3.get_xticklines(),visible=True)
plt.grid(True,axis="x")

ax3 = plt.subplot(224)
plt.setp(ax3.get_xticklabels(),visible=False)
plt.setp(ax3.get_xticklines(),visible=False)
plt.grid(True,axis="x")

plt.show()
```

（2）运行结果

运行结果如图 8.5 所示。

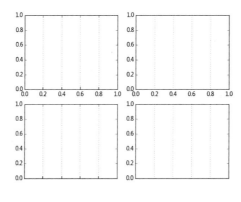

图 8.5

（3）代码精讲

首先，讲解一下 pyplot.setp() 的使用方法。例如，设置一条折线图的线型风格为破折线，你可以敲入以下代码：

```
import matplotlib.pyplot as plt

line, = plt.plot([1,2,3])
plt.setp(line, linestyle='--')
plt.show()
```

其中，函数 setp() 中的非参数 line，代表 matplotlib.lines.Line2D 实例，关键字参数 linestyle 是 Line2D

是 Line2D 的属性，属性值是"--"，函数 setp() 的作用就是将实例 Line2D 的 linestyle 属性值设置为"--"，当然，也可以使用"plt.setp(line, "linestyle", "--")"语句实现改变线条风格的目标。

现在回到代码本身，从代码运行结果可以观察到一些结论，通过调用函数 setp() 可以分别设置刻度标签（ticklabel）和刻度线（tickline）的显示情况，通过将 Line2D 实例的属性 visible 的属性值设置为 True 或 False，可以控制刻度元素的显示与隐藏。值得注意的是，最后一张图是将刻度标签和刻度线都设置为隐藏，但是，隐藏并不同于方法 1 中的操作，方法 1 中的操作是不画刻度元素，而方法 2 中的操作是首先画出刻度元素，然后将其隐藏。这从 x 轴上的参考线的隐藏和显示就可以看出两者的区别。也就是说，不画刻度元素自然就没有参考线，但是画刻度元素后，又将其隐藏，参考线并不会消失。

本节我们探讨了坐标轴刻度显示设置的两种简易操作方法，虽然从可视化效果上来看，二者基本上可以实现相同的展示效果。但是，从运行机制上来看，二者还是有本质区别的，希望读者可以根据自己实际的任务需要灵活地使用这两种操作方法。

提示

8.2.2 节中我们看到改变 Line2D 实例属性的方法是通过函数 setp() 来实现的。下面我们补充一下改变 matplotlib.lines.Line2D 实例的属性值的方法，还是以上面的代码 line,=plt.plot([1,2,3]) 为例，我们可以通过 Line2D 实例的方法 set_attr(attrValue) 实现改变实例属性值的目标，其中，attr 代表 Line2D 实例的属性，attrValue 代表 Line2D 实例的 attr 属性的属性值。例如，line.set_linestyle("-") 就将线条风格变为实线，line.set_linewidth(2.5) 就将线条宽度变为 2.5。

前面已经讲过棉棒图的绘制原理和应用展示。下面，我们就结合本节中的相关知识进一步探索改变棉棒图的组成要素的属性值的方法。

8.2.3 案例 1——棉棒图的定制化展示

如果尝试改变棉棒图的展示样式，就需要我们对函数 stem() 的返回值进行定制化设置。这就需要使用前面讲过的更新实例属性的函数 setp()，从而完成棉棒图的展示样式的定制化调整的任务。

（1）代码实现

```
import matplotlib.pyplot as plt
import numpy as np

x = np.linspace(0.5,2*np.pi,20)
y = np.random.randn(20)

markerline,stemlines,baseline = plt.stem(x,y)

plt.setp(markerline,color="chartreuse",marker="D")
plt.setp(stemlines,linestyle="-.")
baseline.set_linewidth(2)
```

```
plt.show()
```

（2）运行结果

运行结果如图 8.6 所示。

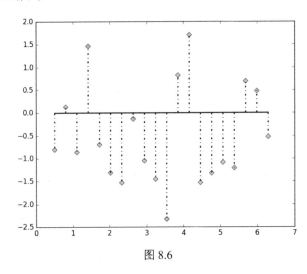

图 8.6

（3）代码精讲

通过调用函数 stem() 获得实例 markerline、stemlines 和 baseline。我们可以应用本节所讲的改变实例属性值的方法对这些实例的属性值进行定制化设置，以求呈现更好的可视化效果。需要补充的是，stemlines 是实例列表，改变实例属性值应该使用函数 setp() 来进行设置。

8.2.4 案例 2——坐标轴的样式和位置的定制化展示

通过这个案例，我们将掌握有关设置刻度标签和刻度线样式的实现方法，以及调整轴脊的相对位置的方法。这些方法既是前面讲过的技巧的运用，也是操作细节的延伸。而且，这些方面的展示效果都是基于面向对象的操作方法实现的。

（1）代码实现

```
import matplotlib.pyplot as plt
import numpy as np

from calendar import day_name
from matplotlib.ticker import FormatStrFormatter

fig = plt.figure()

ax = fig.add_axes([0.2,0.2,0.7,0.7])
```

```
ax.spines["bottom"].set_position(("outward",10))
ax.spines["left"].set_position(("outward",10))
ax.spines["top"].set_color("none")
ax.spines["right"].set_color("none")

x = np.arange(1,8,1)
y = 2*x+1

ax.scatter(x,y,c="orange",s=50,edgecolors="orange")

for tickline in ax.xaxis.get_ticklines():
    tickline.set_color("blue")
    tickline.set_markersize(8)
    tickline.set_markeredgewidth(5)

for ticklabel in ax.get_xmajorticklabels():
    ticklabel.set_color("slateblue")
    ticklabel.set_fontsize(15)
    ticklabel.set_rotation(20)

ax.yaxis.set_major_formatter(FormatStrFormatter(r"$\yen%1.1f$"))
plt.xticks(x,day_name[0:7],rotation=20)
ax.yaxis.set_ticks_position("left")
ax.xaxis.set_ticks_position("bottom")

for tickline in ax.yaxis.get_ticklines():
    tickline.set_color("lightgreen")
    tickline.set_markersize(8)
    tickline.set_markeredgewidth(5)

for ticklabel in ax.get_ymajorticklabels():
    ticklabel.set_color("green")
    ticklabel.set_fontsize(18)

ax.grid(ls=":",lw=1,color="gray",alpha=0.5)

plt.show()
```

（2）运行结果

运行结果如图 8.7 所示。

151

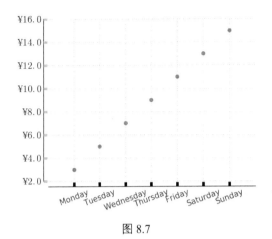

图 8.7

（3）代码精讲

为了突出刻度标签的视觉效果，我们将刻度线的颜色设置成与刻度标签同样的颜色，而且刻度线的大小和宽度也都做了调整。更为重要的是，我们将左侧轴脊和底部轴脊分别向左和向下移动 10 个点的距离，即向数据区域之外移动一些距离，以突显数据本身的变化趋势和规律，如果移动距离是负数，则向数据区域内部移动负数绝对值个数的点的距离。

8.3 控制坐标轴的显示

控制坐标轴显示主要是通过控制坐标轴的载体（轴脊）的显示来实现的，在轴脊上有刻度标签和刻度线，它们共同组成了坐标轴。因此，控制坐标轴显示是综合通过控制轴脊和刻度线的显示来完成的。这样，进行轴脊和刻度线的显示方法的学习，就可以掌握坐标轴显示的方法。

在一个绘图区域中，有 4 条轴脊，分别是顶边框、右边框、底边框和左边框，这 4 条轴脊是 4 条坐标轴的载体，起到显示刻度标签和刻度线的作用。下面我们就通过 Python 代码的形式来讲解控制轴脊和坐标轴显示的方法。

（1）代码实现

```python
import matplotlib.pyplot as plt
import numpy as np

x = np.linspace(-2*np.pi,2*np.pi,1000)
y = np.sin(x)

ax1 = plt.subplot(221)

ax1.spines["right"].set_color("none")
ax1.spines["top"].set_color("none")
```

```
ax1.set_xlim(-2*np.pi,2*np.pi)
ax1.set_ylim(-1.0,1.0)
plt.title(r"$a$")
plt.scatter(x,y,marker="+",color="b")


ax2 = plt.subplot(222)

ax2.spines["right"].set_color("none")
ax2.spines["top"].set_color("none")
ax2.xaxis.set_ticks_position("bottom")
ax2.set_xlim(-2*np.pi,2*np.pi)
ax2.set_ylim(-1.0,1.0)
plt.title(r"$b$")
plt.scatter(x,y,marker="+",color="b")


ax3 = plt.subplot(223)

ax3.spines["right"].set_color("none")
ax3.spines["top"].set_color("none")
ax3.yaxis.set_ticks_position("left")
ax3.set_xlim(-2*np.pi,2*np.pi)
ax3.set_ylim(-1.0,1.0)
plt.title(r"$c$")
plt.scatter(x,y,marker="+",color="b")


ax4 = plt.subplot(224)

ax4.spines["right"].set_color("none")
ax4.spines["top"].set_color("none")
ax4.xaxis.set_ticks_position("bottom")
ax4.yaxis.set_ticks_position("left")
ax4.set_xlim(-2*np.pi,2*np.pi)
ax4.set_ylim(-1.0,1.0)
plt.title(r"$d$")
plt.scatter(x,y,marker="+",color="b")


plt.show()
```

（2）运行结果

运行结果如图 8.8 所示。

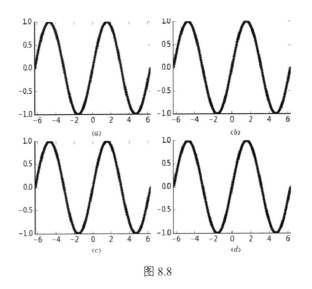

图 8.8

（3）代码精讲

首先观察图 8.8（a），通过"ax1.spines["right"].set_color("none")"和"ax1.spines["top"].set_color("none")"语句，将顶边框和右边框去掉，但刻度线还是被保留了。然后观察图 8.8（b），在前面两条执行语句的基础上，再添加"ax2.xaxis.set_ticks_position("bottom")"语句，就可以将顶边框上的刻度线去掉。同理，图 8.8（c）是通过"ax3.yaxis.set_ticks_position("left")"语句，实现将右边框的刻度线去掉的展示效果。最后，图 8.8（d）是将上面 4 条语句同时运用产生的可视化效果。

在本节，我们讨论了控制坐标轴显示的代码实现，以及将坐标轴（顶边框和右边框）上刻度线去除的方法。值得注意的是，虽然通过"ax1 = plt.subplot(221)""plt.setp(ax1.get_xticklabels(), visible=True)"和"plt.setp(ax1.get_xticklines(),visible=True)"语句也可以实现刻度标签和刻度线的显示需求，但是却不能改变刻度标签和刻度线的显示位置。

8.4 移动坐标轴的位置

在学习了控制坐标轴显示的方法之后，我们就可以对坐标轴显示进行进一步操作，即移动坐标轴的位置。移动坐标轴的位置的操作是以控制坐标轴显示作为方法和知识基础的。所谓移动坐标轴的位置就是移动坐标轴的载体（轴脊）的位置，进而设置刻度线的位置，从而完成移动坐标轴的位置的任务。

前面讲过调整刻度范围和刻度标签、控制坐标轴显示的方法。现在，我们综合运用这些方法和知识，绘制一幅如图 8.9 所示的统计图形。

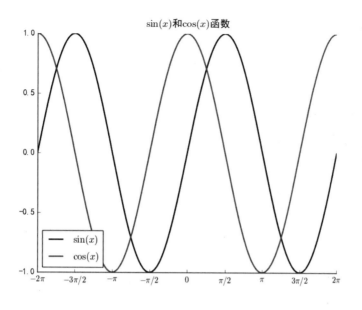

图 8.9

如果可以将左侧和底端的坐标轴移动位置，变成可以清楚地显示出曲线周期的特点和数值变化的规律的图形，那就更完美了。接下来，我们就讲解如何移动坐标轴的位置。

下面我们就通过 Python 代码的形式，结合前面讲过的调整刻度范围和刻度标签、控制坐标轴显示的方法的代码部分，来综合讲解移动坐标轴位置的具体操作方法。

（1）代码实现

```
# -*- coding:utf-8 -*-

import matplotlib as mpl
import matplotlib.pyplot as plt
import numpy as np

mpl.rcParams["font.sans-serif"]=["SimHei"]
mpl.rcParams["axes.unicode_minus"]=False

x = np.linspace(-2*np.pi,2*np.pi,200)
y = np.sin(x)
y1 = np.cos(x)

ax = plt.subplot(111)

ax.plot(x,y,ls="-",lw=2,label="$\sin(x)$")
ax.plot(x,y1,ls="-",lw=2,label="$\cos(x)$")
```

```
ax.legend(loc="lower left")

plt.title("$\sin(x)$"+"和"+"$\cos(x)$"+"函数")

# set xlimit
ax.set_xlim(-2*np.pi,2*np.pi)

# set ticks
plt.xticks([-2*np.pi,-3*np.pi/2,-1*np.pi,-1*(np.pi)/2,0,(np.pi)/2,np.pi,
3*np.pi/2,2*np.pi],

["$-2\pi$","$-3\pi/2$","$-\pi$","$-\pi/2$","$0$","$\pi/2$","$\pi$","$3\pi/2$
","$2\pi$"])

ax.spines["right"].set_color("none")
ax.spines["top"].set_color("none")

ax.spines["bottom"].set_position(("data",0))
ax.spines["left"].set_position(("data",0))

ax.xaxis.set_ticks_position("bottom")
ax.yaxis.set_ticks_position("left")

plt.show()
```

（2）运行结果

运行结果如图 8.10 所示。

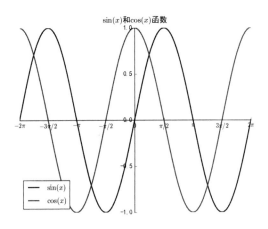

图 8.10

（3）代码精讲

代码主体部分，我们主要调用前面章节的代码内容，在此基础上，我们添加了两条关键代码：

① ax.spines["bottom"].set_position(("data",0))

② ax.spines["left"].set_position(("data",0))

ax.spines 会调用轴脊字典，其中的键是轴脊位置，如"top""right""bottom""left"键值是 matplotlib.spines.Spine 对象，实例方法 set_position()就是对轴脊位置的控制方法，其中参数"data"说明控制轴脊位置的坐标值与折线图的坐标系统一致。因此，参数 0 就表示将底端轴脊移动到左侧轴脊的零点处。同理，将左侧轴脊移动到底端轴脊的零点处。在 matplotlib 元素组成结构中，已经说明轴脊是刻度线和刻度标签的载体。这样，当左侧和底端轴脊移动位置时，刻度线和刻度标签也会相应的移动位置。我们将 x 轴刻度线放在底端轴脊上，将 y 轴刻度线放在左侧轴脊上。从而，完成移动坐标轴位置的工作。

第 **9** 章

设置线条类型和标记类型的显示样式

在 matplotlib 的大量实践中，会频繁地进行折线图的线条类型和标记类型的设置工作。更加重要的是，线条类型和标记类型的显示样式的美观与否会极大地影响 Python 数据可视化的效果。因此，我们需要重点进行这方面的操作技巧和设置方法的讲解。

这部分会涉及字典数据结构作为关键字参数的使用方法、线条类型的设置方法和标记类型的设置方法。

9.1 不同调用签名形式的字典使用方法

在 Python 数据可视化的代码实现中，大量运用了字典数据结构。在函数或是实例方法的调用签名中，字典数据结构经常作为关键字参数值进行调用而传入代码块中。通过使用字典设置相应属性的属性值，大大提高了代码的简洁程度，并减少了重复设置的烦琐工作。这里以文本属性和相应的属性值为例，构造字典 font 存储文本属性和属性值，同时使用关键字参数 fontdict 作为设置方法的代表参数。

9.1.1 方法 1——调用签名中的关键字参数的设置形式 "fontdict=font"

（1）代码实现

```
import matplotlib.pyplot as plt
import numpy as np

fig = plt.figure()
ax = fig.add_subplot(111)

font = {"family": "monospace","color":"maroon","weight":"bold","size":16}

x = np.linspace(0.0,2*np.pi,500)
y = np.cos(x)*np.sin(x)

ax.plot(x,y,color="k",ls="-",lw=2)

ax.set_title("keyword mode is 'fontdict=font'",fontdict=font)
ax.text(1.5,0.4,"cos(x)*sin(x)",fontdict=font)
ax.set_xlabel("time (h)",**font)
ax.set_ylabel(r"$\Delta$height (cm)",**font)

ax.set_xlim(0,2*np.pi)

plt.show()
```

（2）运行结果

运行结果如图 9.1 所示。

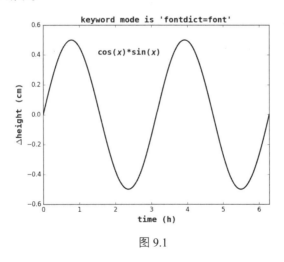

图 9.1

（3）代码精讲

我们首先将文本属性和属性值都放在字典 font 里，然后将其分别在实例方法 plot()、set_title()、set_xlabel()、set_ylabel() 和 set_xlim() 中，作为关键字参数 fontdict 的参数值传递到实例方法的调用签名中。

9.1.2　方法 2——关键字参数的设置形式 "**font"

（1）代码实现

```python
import matplotlib.pyplot as plt
import numpy as np

fig = plt.figure()
ax = fig.add_subplot(111)

font = {"family": "serif","color":"navy","weight":"black","size":16}

x = np.linspace(0.0,2*np.pi,500)
y = np.cos(2*x)*np.sin(2*x)

ax.plot(x,y,color="k",ls="-",lw=2)

ax.set_title("keyword mode is '**font'",**font)
ax.text(1.5,0.52,"cos(2*x)*sin(2*x)",**font)
ax.set_xlabel("time (h)",**font)
ax.set_ylabel(r"$\Delta$height (cm)",**font)
ax.set_xlim(0,2*np.pi)

plt.show()
```

（2）运行结果

运行结果如图 9.2 所示。

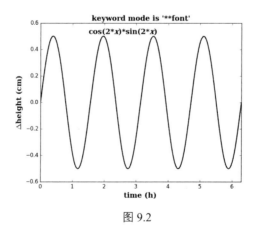

图 9.2

（3）代码精讲

这里我们将字典 font 直接作为关键字参数传入实例方法的调用签名中。在调用签名中，我们使用"**font"方法将字典变为关键字参数，使调用签名形式变得非常简洁。值得注意的是，字典 font 的定义方法还可以是：

"font = dict(family="serif",color="navy",weight="black",size=16)"。

9.2 线条类型的显示样式设置方法

在折线图中，我们通过函数或是实例方法 plot() 的关键字参数 linestyle(ls) 设置线条类型的显示样式。不同的线条类型可以产生不同的视图效果，同时也有各自更为适用的应用领域和场景。因此，我们需要对线条类型的设置方法和样式进行系统掌握。

（1）代码实现

```
import matplotlib.pyplot as plt
import numpy as np

font = dict(family="serif",color="navy",weight="black",size=16)
color = "skyblue"
linewidth = 3

fig = plt.figure()
ax = fig.add_subplot(111)

linestyleList = ["-","--","-.",":"]

x = np.arange(1,11,1)
y = np.linspace(1,1,10)

ax.text(4,4.0,"line styles",**font)

for i,ls in enumerate(linestyleList):
    ax.text(0,i+0.5,"'{}'".format(ls),**font)
    ax.plot(x,(i+0.5)*y,linestyle=ls,color=color,linewidth=linewidth)

ax.set_xlim(-1,11)
ax.set_ylim(0,4.5)

ax.margins(0.2)
ax.set_xticks([])
ax.set_yticks([])

plt.show()
```

（2）运行结果

运行结果如图 9.3 所示。

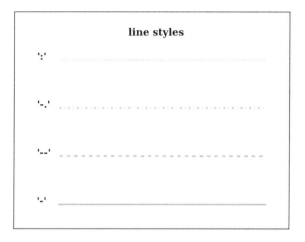

图 9.3

（3）代码精讲

我们对列表 linestyleList 中的线条样式元素进行了循环显示，每种线条样式的视图效果都有各自的特点。值得注意的是，我们对在 for 循环中调用的实例方法 text() 的显示文本的字符串做了格式化处理，有关格式化字符串的内容和语法，读者可以参考 Python 书籍的有关字符串的章节。

9.3 标记类型的显示样式设置方法

在折线图中，每条折线都是由标记和连线所组成的。很多时候，出于视图效果的考虑，我们没有显示标记，而只是显示连线。尽管如此，我们仍然不能忽略标记和标记样式的重要作用。因此，接下来我们介绍有关标记样式的设置方法和显示效果。

9.3.1 方法 1——单一字符模式

（1）代码实现

```
import matplotlib.pyplot as plt
import numpy as np

font_style = dict(family="serif",color="navy",weight="black",size=12)
line_marker_style = dict(linestyle=":",linewidth = 2,color="maroon",
markersize=10)
```

```
fig = plt.figure()
ax = fig.add_subplot(111)

msNameList = ["'.'--point marker",
"','--pixel marker",
"'o'--circle marker",
"'v'--triangle_down marker",
"'^'--triangle_up marker",
"'<'--triangle_left marker",
"'>'--triangle_right marker",
"'1'--tri_down marker",
"'2'--tri_up marker",
"'3'--tri_left marker",
"'4'--tri_right marker",
"'s'--square marker",
"'p'--pentagon marker",
"'*'--star marker",
"'h'--hexagon1 marker",
"'H'--hexagon2 marker",
"'+'--plus marker",
"'x'--x marker",
"'D'--diamond marker",
"'d'--thin_diamond marker",
"'|'--vline marker",
"'_'--hline marker"]

markerstyleList = ['.',',','o','v','^','<','>','1','2','3','4','s','p',
'*','h','H','+','x','D','d','|','_']

x = np.arange(5,11,1)
y = np.linspace(1,1,6)

ax.text(4,23,"marker styles",**font_style)

for i,ms in enumerate(markerstyleList):
    ax.text(0,i+0.5,msNameList[i],**font_style)
    ax.plot(x,(i+0.5)*y,marker=ms,**line_marker_style)

ax.set_xlim(-1,11)
ax.set_ylim(0,24)

ax.margins(0.3)
ax.set_xticks([])
ax.set_yticks([])
```

```
plt.show()
```

（2）运行结果

运行结果如图 9.4 所示。

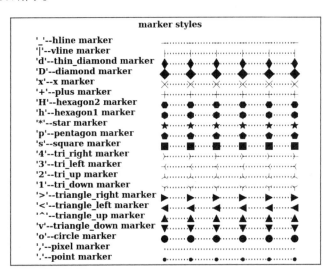

图 9.4

（3）代码精讲

我们将全部标记类型的样式都展示出来了，同时，每种标记类型的英文注释也附加在标记类型之后，方便读者对标记类型的样式进行理解和掌握。

标记样式不仅可以使用上面介绍的标记样式，还可以使用 mathtext 模式的标记样式，即关键字参数 marker 取值是原始字符串（raw strings）r"$text\text$"模式。

9.3.2　方法 2——mathtext 模式

（1）代码实现

```
# -*- coding:utf-8 -*-

import matplotlib as mpl
import matplotlib.pyplot as plt
import numpy as np

mpl.rcParams["font.sans-serif"]=["LiSu"]
mpl.rcParams["axes.unicode_minus"]=False
```

```
x = np.arange(1,13,1)
y = np.array([12,34,22,30,18,13,15,19,24,28,23,27])

fig,ax = plt.subplots(2,2)

# subplot(221)
ax[0,0].scatter(x,y*1.5,marker=r"$\clubsuit$",c="#fb8072",s=500)
ax[0,0].locator_params(axis="x",tight=True,nbins=11)
ax[0,0].set_xlim(0,13)
ax[0,0].set_xticks(x)
ax[0,0].set_title('显示样式“%s”的散点图' % r"$\clubsuit$")

# subplot(222)
ax[0,1].scatter(x,y-2,marker=r"$\heartsuit$",s=500)
ax[0,1].locator_params(axis="x",tight=True,nbins=11)
ax[0,1].set_xlim(0,13)
ax[0,1].set_xticks(x)
ax[0,1].set_title('显示样式“%s”的散点图' % r"$\heartsuit$")

# subplot(223)
ax[1,0].scatter(x,y+7,marker=r"$\diamondsuit$",s=500)
ax[1,0].locator_params(axis="x",tight=True,nbins=11)
ax[1,0].set_xlim(0,13)
ax[1,0].set_xticks(x)
ax[1,0].set_title('显示样式“%s”的散点图' % r"$\diamondsuit$")

# subplot(224)
ax[1,1].scatter(x,y-9,marker=r"$\spadesuit$",c="#8dd3c7",s=500)
ax[1,1].locator_params(axis="x",tight=True,nbins=11)
ax[1,1].set_xlim(0,13)
ax[1,1].set_xticks(x)
ax[1,1].set_title('显示样式“%s”的散点图' % r"$\spadesuit$")

plt.suptitle("不同原始字符串作为标记类型的展示效果",fontsize=16,weight="black")

plt.show()
```

（2）运行结果

运行结果如图 9.5 所示。

165

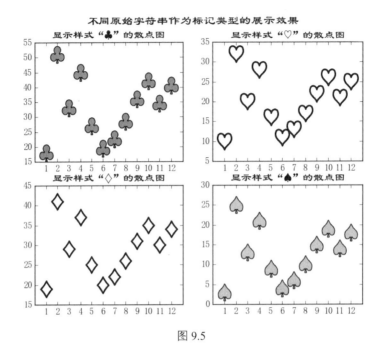

图 9.5

（3）代码精讲

我们使用原始字符串（raw strings）作为标记类型，即关键字参数 marker 的取值是 r"$\text $"模式的原始字符串，通过使用 2 行 2 列的子区进行不同标记类型的显示样式的效果展示，这些标记类型是常规字符串的标记类型无法实现的样式。因此，标记类型使用原始字符串模式极大地拓展了我们的标记类型的种类和样式，同时也使可视化效果给人以审美般的视觉享受。

9.4 延伸阅读

下面我们结合本节所讲的内容，讨论一些更加细化的知识。使读者全面掌握线条类型和标记类型的方方面面。

9.4.1 案例 1——"破折号"线条样式的不同展现形式的设置方法

下面，我们进一步探讨如何设置线条类型为"破折号"样式，即标记类型是"--"。

（1）代码实现

```
import matplotlib.pyplot as plt
import numpy as np

font_style = dict(family="serif",weight="black",size=12)
```

166

```
    line_marker_style1 = dict(linestyle="--",linewidth = 2,color="maroon",
markersize=10)
    line_marker_style2=dict(linestyle="--",linewidth = 2,color= "cornflowerblue",
markersize=10)
    line_marker_style3 = dict(linestyle="--",linewidth = 2,color="turquoise",
markersize=10)

    fig = plt.figure()
    ax = fig.add_subplot(111,axisbg="honeydew")

    x = np.linspace(0,2*np.pi,500)
    y = np.sin(x)*np.cos(x)

    ax.plot(x,y,dashes=[10,2],label="dashes=[10,2]",**line_marker_style1)
    ax.plot(x,y+0.2,dashes=[3,1],label="dashes=[3,1]",**line_marker_style2)
    ax.plot(x,y+0.4,dashes=[2,2,8,2],label="dashes=[2,2,8,2]",**line_marker_
style3)

    ax.axis([0,2*np.pi,-0.7,1.2])

    ax.legend(ncol=3,bbox_to_anchor=(0.00,0.95,1.0,0.05),mode="expand",fancy
box=True,shadow=True,prop=font_style)

    plt.show()
```

（2）运行结果

运行结果如图 9.6 所示。

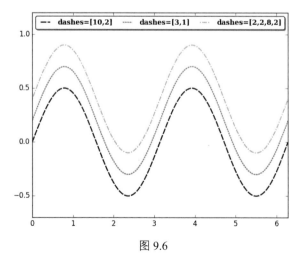

图 9.6

（3）代码精讲

线条类型是"破折号"样式的折线呈现多种展现形式，实现多种展现形式的关键是关键字参数 dashes 的使用。折线是由若干个数据点所组成的，如果我们将这些数据点中的一些数据点有规律地抹掉，就会出现"破折号"样式的折线。因此，控制数据点的抹去模式就可以实现"破折号"样式的折线的多种展现形式。

语句"plot(x, y,dashes=[10,2],label="dashes=[10,2]",**line_marker_style1)"里的关键字参数 dashes 的取值含义：折线组成单元是由线段长度为 10 个数据点、线段之间间隔 2 个数据点的单元样式所组成。

语句"plot(x,y+0.2,dashes=[3,1],label="dashes=[3,1]",**line_marker_style2)"里的关键字参数 dashes 的取值含义是：折线组成单元是由线段长度为 3 个数据点、线段之间间隔 1 个数据点的线段结构所组成。

语句"ax.plot(x,y+0.4,dashes=[2,2,8,2],label="dashes=[2,2,8,2]",**line_marker_style3)"里的关键字参数 dashes 的取值含义是：折线组成单元是由 2 个数据点的线段、2 个数据点的间隔、8 个数据点的线段和 2 个数据点的间隔所组成的结构单元。

这样，通过使用关键字参数 dashes 我们实现了"破折号"样式的线条类型的定制化展示的需求。借助关键字参数 dashes 的丰富组合模式，我们可以极大地丰富线条类型"--"的展现形式，让折线图的可视化效果呈现出多样性和定制化的特点。

9.4.2 案例 2——标记填充样式的设置方法

我们前面已经介绍过有关标记类型的显示样式的相关内容。现在，我们再进一步考虑标记样式能否通过标记填充样式得以展现，也就是说，借助标记填充样式的选择也可以同样实现标记显示样式的设置需求，而且同种标记类型会由于标记填充样式的不同而呈现出更加丰富的展示效果，这就极大地丰富了标记展示样式的内容。

（1）代码实现

```
import matplotlib.pyplot as plt
import numpy as np


font_style = dict(family="sans-serif",color="saddlebrown",weight="semibold",
size=16)
line_marker_style = dict(linestyle=":",
                         linewidth = 2,
                         color="cornflowerblue",
                         markerfacecoloralt="lightgrey",
                         marker="o",
                         markersize=18)


fig = plt.figure()
```

```
ax = fig.add_subplot(111)

fillstyleList = ["full","left","right","bottom","top","none"]

x = np.arange(3,11,1)
y = np.linspace(1,1,8)

ax.text(4,6.5,"fill styles",**font_style)

for i,fs in enumerate(fillstyleList):
    ax.text(0,i+0.4,"'{}'".format(fs),**font_style)
    ax.plot(x,(i+0.5)*y,fillstyle=fs,**line_marker_style)

ax.set_xlim(-1,11)
ax.set_ylim(0,7)

ax.margins(0.3)
ax.set_xticks([])
ax.set_yticks([])

plt.show()
```

（2）运行结果

运行结果如图 9.7 所示。

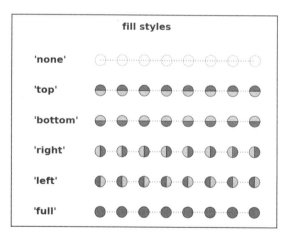

图 9.7

（3）代码精讲

我们通过上面的代码和运行结果，可以知道标记填充样式的实现是借助关键字参数 fillstyle 实现的，关键字参数 fillstyle 的取值共有 6 种标记填充样式。我们现在也已经明白这 6 种标记填充样式，正如填充名称本身所定义的内容一样，填充名称用来指示填充颜色在标记类型中的位置，例如，关键字参数 fillstyle 取值是"left"，那么标记类型"o"的填充颜色就覆盖在标记类型"o"的左半边中，其他取值的含义与"left"的含义相类似，这里就不再介绍了。值得注意的是，标记颜色的关键字参数 markerfacecolor 用关键字参数 markerfacecoloralt 代替了，只有这样才能将填充名称"none"的展现形式有效地表现出来。

9.4.3 案例 3——函数 plot()的调用签名的设置方法

函数 plot()用来绘制有序数对的折线和标记的绘图函数。函数 plot()的典型调用签名如下。

- plot([x],y,[fmt],**kwargs)
- plot([x],y,[fmt],[x2],y2,[fmt2],....,**kwargs)

参数 x 和 y 是输入值，然而参数 x 是选择输入值，如果省略 x 输入值，x 输入值就是列表 [0,1,...,N–1]，其中 N 是输入值 y 的元素个数。一般 x 和 y 输入值是长度 N 的数组，也可以是常数值组成的列表。对于参数 fmt，我们可以使用参数 fmt 控制线条颜色、标记样式和线条风格，也就是说，fmt=[color][marker][linestyle]。对于参数 fmt 的使用而言，这是格式化折线图的基本方式。对于线条颜色、标记样式和线条风格而言，我们可以选择其中的一种格式化方式或是多种格式化方式。因此，参数 fmt 是一种便捷的字符串式注释。例如，下面几种调用签名格式：

- plot(x,y)
- plot(x,y,"k") # black markers with default shape
- plot(y)
- plot(y,"ro") # red circles

说起折线图 plot()的关键字参数（keyword arguments），就不得不提实例 Line2D。实例 Line2D 的属性可以作为关键字参数用来控制折线图的展现样式。例如，线条标签（label）、线条宽度（linewidth）、标记样式（linestyle）、标记颜色（markerfacecolor）等。也就是说，实例具有的属性是生成实例的类、函数或方法的关键字参数。因此，查找实例具有的属性的工作就可以通过遍历实例对应的类、函数或方法的关键字参数来完成。而且，实例 Line2D 的属性作为关键字参数经常和参数 fmt 混合使用，共同完成控制折线图的展示效果的任务。

实例 Line2D 可以通过下面的方法获得：

```
line, = plt.plot(x,y,label="circles")
```

对实例 Line2D 的属性（折线图的关键字参数）控制就可以通过下面的语句实现：

```
line.set_linewidth(2)
line.set_linestyle("--")
line.set_dashes([10,2,5,2])
```

使用下面的调用签名所绘制的折线图是相同的：

```
plot(x,y,"ro:",linewidth=3,markersize=16,label="example1")
plot(x,y,color="r",linestyle=":",marker="o",linewidth=3,markersize=16,la
bel="example1")
```

值得注意的是，在参数 fmt 和关键字参数存在冲突时，关键字参数优先执行绘图样式。

我们在同一个坐标轴内可以绘制多条折线图，实现这一绘图模式的语句有以下两种方法：

```
① plot(x1,y1,"ro")
   plot(x2,y2,"b--")
② plot(x1,y1,"ro",x2,y2,"b--")
```

如果 x 和 y 是(N,M)形状的数组，那么对于②中的实现语句就可以写成以下形式：

```
plot(x[a],y[a],"ro",x[b],y[b],"b--") # x, y is a (N,M) shaped array.
```

在 5.1.4 节中，我们讲过设置时间格式的刻度线标签的方法，这是设置时间序列图的简便方法。时间序列图可以理解成折线图的一种变形或是特例。也就是说，时间序列图是将 x 轴或是 y 轴用日期（date）标示，反映数据随时间延伸的趋势变化或是规律。在 matplotlib 中，时间序列图是包含日期的折线图，实现函数是 plot_date()，函数 plot_date()的参数和函数 plot()的参数类似，只是坐标轴的刻度标签被格式化为日期数据。实例 Line2D 的属性依然可以作为函数 plot_date()中的关键字参数 kwargs，绘图格式化参数 fmt 依然可以使用，如果关键字参数 xdate 或是 ydate 取值是 True，那么参数 x 和参数 y 的取值就会被理解成 matplotlib 中的日期。使用函数 plot_date()实现的时间跨度可以任意设定，应用范围远远大于 5.1.4 节中所介绍的方法，但是，代码实现的复杂程度也较高。

第 **4** 篇

拓展

本篇我们主要从属性配置、文本属性设置、颜色使用、图形输出展示和保存等方面进行阐述，这些主题具有广泛的应用范围，而且是进行 matplotlib 实践绕不开的内容和知识。因此，讲解这些主题对 Python 数据可视化具有重要的理论和实践价值。

第 10 章

matplotlib 的配置

修改 matplotlib 的配置，可以满足定制化的展示需求，通过修改配置中的相关属性值可以使得可视化效果更理想，从而满足展示或印刷的质量要求。修改 matplotlib 的配置有两种途径：一种是通过代码进行修改；另一种是通过修改配置文件 matplotlibrc 来实现。这两种设置方法可以分别理解成：一种是局部调整；另一种是全局修改。我们会在 10.1 节和 10.2 节分别讲解这两种实现方法的配置要点和相关技巧。

10.1 修改代码层面的 matplotlib 的配置

在本节中，我们讲解在代码层面进行 matplotlib 配置的实现方法。进行代码层面的属性值的设置，主要是解决个性化的项目需求，从而完成定制化的展示工作。通过代码层面的配置，我们可以按照具体项目的需求，灵活地进行 matplotlib 的相关属性值的设置，从而不必拘泥于系统默认的相关属性值的配置内容。这样，我们就可以非常方便地实现定制化的局部的 matplotlib 配置的设置需求。

绘图库 matplotlib 提供了很好的绘图功能，是 Python 中使用最多的数据可视化包。本节会介绍通过修改运行脚本的代码实现改变 matplotlib 的相关属性值的目的。在代码实现方面，有两种方法实现改变 matplotlib 的相关属性值：一种是调用属性字典 matplotlib.rcParams 或是属性字典 matplotlib.pyplot.rcParams；另一种是调用函数 matplotlib.rc()或是函数 matplotlib.pyplot.rc()。

174

如果需要恢复标准的 matplotlib 默认设置，则可以调用函数 matplotlib.rcdefaults()或是函数 matplotlib.pyplot.rcdefaults()。

分别以 matplotlib.rcParams 和 matplotlib.rc()为例对两种设置方法进行讲解，matplotlib.pyplot. rcParams 和 matplotlib.pyplot.rc()的参数的设置方法与此完全相同。

10.1.1　方法 1——调用函数 matplotlib.rc()

（1）代码实现

```
import matplotlib as mpl

# usage of package matplotlib
## method1 of setting attribution
mpl.rc("lines",linewidth=2,color="c",linestyle="--")


## method2 of setting attribution
line = {"linewidth":2,"color":"c","linestyle":"--"}
mpl.rc("lines",**line)
```

（2）代码精讲

通过调用函数 matplotlib.rc()，我们可以将 lines 的相关属性以关键字参数的形式进行赋值，从而改变 matplotlib 的相关属性值。也可以将属性和属性值放在一个字典中，将字典作为关键字参数，以 **line 形式进行参数调用，最终改变 matplotlib 的相关属性值。

10.1.2　方法 2——调用属性字典 matplotlib.rcParams

（1）代码实现

```
import matplotlib as mpl

# usage of package matplotlib
mpl.rcParams["lines.linewidth"]=2
mpl.rcParams["lines.color"]="c"
mpl.rcParams["lines.linestyle"]="--"
```

（2）代码精讲

通过调用属性字典 matplotlib.rcParams，利用属性字典的属性名、属性值的对应关系与更新字典键值的方法，就可以改变 matplotlib 的相关属性值。

10.2 修改项目层面的 matplotlib 配置

现在，我们就讲解通过修改配置文件 matplotlibrc，完成修改 matplotlib 的相关属性值的工作。通过这种方法，我们可以在没有其他定制化需求的情况下，始终使用我们配置好的 matplotlibrc 文件中的相关属性值，而不必每次在具体项目中进行相关属性值的设置。这样，我们既可以提高协同办公的效率，还可以提高代码的编写效率和可读程度，大大减轻了重复操作的负担，有效地提高项目执行效率。

10.2.1 配置文件所在路径

在 10.1 节中，我们讲解的关于修改 matplotlib 配置的设置方法是基于代码层面展开的。如果在每次编写新的代码时，都进行同样的 matplotlib 配置的设置，就显得没有必要，而且极大地降低了项目执行进度。例如，在一个项目中，通常会由很多个子项目组成，如果在每个子项目中都进行相同的 matplotlib 配置的设置，则会严重影响项目的进展速度和项目之间的协同配合。这时就可以在项目中使用一个独立于项目本身的 matplotlib 配置的设置方法，也就是在项目中使用 matplotlibrc 文件进行 matplotlib 配置的设置。这种设置方式可以使得 matplotlib 配置与代码分离，从而使代码更加简洁，很容易在项目间分享配置模板，提高协同工作的效率。

在项目层面修改 matplotlib 配置时，主要基于配置文件 matplotlibrc 所在的位置。配置文件主要存在于以下三种路径中，不同的路径决定了配置文件的调用顺序，下面就是配置文件 matplotlibrc 的使用先后顺序。

（1）项目所在路径：matplotlibrc 文件在当前运行代码所在的目录中。

（2）配置文件的默认路径：

① 在 Windows 平台上，matplotlibrc 文件在\$HOME/.matplotlib/中。

② 在 Linux 平台上，如果\$HOME/.matplotlib 路径存在，那么就在\$HOME/.matplotlib 中；如果 \$XDG_CONFIG_HOME 被定义，那么就在\$XDG_CONFIG_HOME 里；或者在\$HOME/.config 里。可以用 matplotlib.get_configdir()函数来找到配置文件默认目录。

（3）matplotlib 的安装路径：matplotlibrc 文件在路径 INSTALL/matplotlib/mpl-data/matplotlibrc 中，其中，INSTALL 类似于 Linux 平台上的/usr/lib/python3.5/site-packages 和 Windows 平台上的 C:\Python35\Lib\site-packages。

每次重新安装 matplotlib 时，matplotlibrc 配置文件都会被覆盖。因此，当需要 matplotlibrc 配置文件被持久有效保存时，就需要将 matplotlibrc 配置文件移动到配置文件的默认目录中。

通过调用函数 matplotlib.matplotlib_fname()，可以输出系统在项目本身包含配置文件 matplotlibrc 之外的调用配置文件的搜索路径。简单来讲，如果项目包含配置文件，那么就优先使用项目中的配置文件。

下面就以一个项目为例，具体说明添加配置文件的操作方法。

10.2.2　设置方法

（1）代码实现

```
import matplotlib.pyplot as plt
import numpy as np


# normal plot
plt.axes([0.1,0.7,.3,.3], frameon=True,axisbg="y",aspect="equal")
plt.plot(np.arange(3), [0,1,0])
plt.cla()
plt.plot(np.arange(3), [0,1,0])

# no-plot
plt.axes([0.4,0.4,.3,.3], frameon=True,axisbg="y",aspect="equal")
plt.plot(2+np.arange(3), [0,1,0])

# no-axes
plt.axes([0.7,0.1,.3,.3], frameon=True,axisbg="y",aspect="equal")
plt.plot(4+np.arange(3), [0,1,0])
plt.axis("off")

plt.show()
```

（2）运行结果

运行结果如图 10.1 所示。

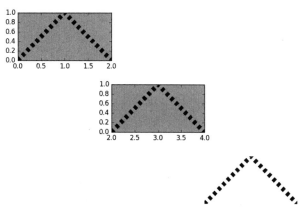

图 10.1

177

（3）代码精讲

在上面"代码实现"部分，我们并没有对线条实例进行属性方面的设置，然而线条实例属性值已经发生变化，这种改变就是通过在项目中添加配置文件 matplotlibrc 实现的。如图 10.2 所示，就是在上面的代码文件所在的目录中添加配置文件的截图。

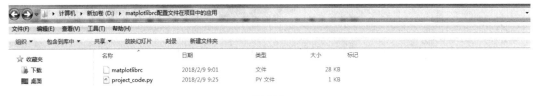

图 10.2

我们通过对配置文件 matplotlibrc 进行修改，就可以完成对线条实例属性值的修改，对属性所对应的属性值进行修改后，为了使变更生效，需要把前面的"#"号去掉。配置文件 matplotlibrc 修改后的 lines 配置要素的截图如图 10.3 所示。

```
### LINES
# See http://matplotlib.org/api/artist_api.html#module-matplotlib.lines for more
# information on line properties.
lines.linewidth    : 8.0      # line width in points
lines.linestyle    : --       # solid line
#lines.color        : blue     # has no affect on plot(); see axes.prop_cycle
#lines.marker       : None     # the default marker
#lines.markeredgewidth  : 0.5       # the line width around the marker symbol
#lines.markersize  : 6        # markersize, in points
#lines.dash_joinstyle : miter        # miter|round|bevel
#lines.dash_capstyle : butt          # butt|round|projecting
#lines.solid_joinstyle : miter       # miter|round|bevel
#lines.solid_capstyle : projecting   # butt|round|projecting
#lines.antialiased : True     # render lines in antialiased (no jaggies)

#markers.fillstyle: full # full|left|right|bottom|top|none
```

图 10.3

配置文件 matplotlibrc 主要包括以下配置要素。

（1）lines：设置线条属性，包括颜色、线条风格、线条宽度和标记风格等。

（2）patch：填充 2D 空间的图形对象，包括多边形和圆。

（3）font：字体类别、字体风格、字体粗细和字体大小等。

（4）text：文本颜色、LaTex 渲染文本等。

（5）axes：坐标轴的背景颜色、坐标轴的边缘颜色、刻度线的大小、刻度标签的字体大小等。

（6）xtick 和 ytick：x 轴和 y 轴的主次要刻度线的大小、宽度、刻度线颜色和刻度标签大小等。

（7）grid：网格颜色、网格线条风格、网格线条宽度和网格透明度。

（8）legend：图例的文本大小、阴影、图例线框风格等。

（9）figure：画布标题大小、画布标题粗细、画布分辨率（dpi）、画布背景颜色和边缘颜色等。

（10）savefig：保存画布图像的分辨率、背景颜色和边缘颜色等。

第**11**章

文本属性设置

11.1 设置字体属性和文本属性

第 10 章讲解了配置文件 matplotlibrc 的配置要素的设置方法，其中配置要素 font 主要是控制字体属性的字体类别（family）、字体风格（style）、字体粗细（weight）、字体大小（size）、字体拉伸（stretch）和字体变体（variant）。接下来，我们就探讨字体属性的设置方法。字体属性支持 matplotlib.text.Text 实例的属性，也支持函数 matplotlib.pyplot.text()和实例方法 matplotlib.axes._axes. Axes.text()的关键字参数。

如表 11.1 所示列举了支持字体属性的函数和实例方法。

表 11.1

matplotlib.pyplot API	Matplotlib Object Oriented API
text()	matplotlib.axes._axes.Axes.text()
xlabel()	matplotlib.axes._axes.Axes.set_xlabel()
ylabel()	matplotlib.axes._axes.Axes.set_ylabel()
title()	matplotlib.axes._axes.Axes.set_title()
suptitle()	matplotlib.figure.Figure.suptitle()

如表 11.2 所示为配置要素 font 的字体属性和对应的字体属性值。值得注意的是,字体属性 weight 中的属性值 a numeric value in range 0-1000 和字体属性 size 中的属性值 size in points 都表示实际数值,因此,在代码中作为参数值使用时不需要添加双引号,而其他的字体属性值也包括其他字体属性对应的字体属性值,在代码中以参数值形式使用时都需要添加双引号,如 family="serif"。

表 11.2

字体属性	字体属性值
family	serif
	sans-serif
	cursive
	fantasy
	monospace
style	normal
	italic
	oblique
weight	a numeric value in range 0-1000
	ultralight
	light
	normal
	regular
	book
	medium
	roman
	semibold
	demibold
	demi
	bold
	heavy
	extra bold
	black
size	size in points
	xx-small
	x-small
	small
	medium
	large
	x-large
	xx-large
variant	normal
	small-caps

下面就通过 3 种方法来探索改变这些配置要素值的视图效果，这 3 种方法分别是改变配置文件 matplotlibrc 的字体属性值和文本属性值，通过调用属性字典 rcParams 及通过关键字参数进行设置。值得注意的是，字体库 fonts 中应该包括需要配置的字体，例如字体库中应该包含 New Century Schoolbook 字体。

11.1.1　方法 1——改变配置文件 matplotlibrc 的字体属性值和文本属性值

（1）代码实现

如图 11.1 所示为配置文件 matplotlibrc 的截图，其中，线条风格和宽度的设置与图 10.3 相同。

```
font.family         : serif
font.serif          : New Century Schoolbook
font.style          : normal
font.variant        : small-caps
font.weight         : black
#font.stretch        : normal
# note that font.size controls default text sizes.  To configure
# special text sizes tick labels, axes, labels, title, etc, see the rc
# settings for axes and ticks. Special text sizes can be defined
# relative to font.size, using the following values: xx-small, x-small,
# small, medium, large, x-large, xx-large, larger, or smaller
font.size           : 12.0
#font.serif       : Bitstream Vera Serif, New Century Schoolbook, Century Schoolbook L, Utopia, ITC Bookman,
Bookman, Nimbus Roman No9 L, Times New Roman, Times, Palatino, Charter, serif
#font.sans-serif     : Bitstream Vera Sans, Lucida Grande, Verdana, Geneva, Lucid, Arial, Helvetica, Avant Garde,
sans-serif
#font.cursive        : Apple Chancery, Textile, Zapf Chancery, Sand, Script MT, Felipa, cursive
#font.fantasy        : Comic Sans MS, Chicago, Charcoal, Impact, Western, Humor Sans, fantasy
#font.monospace      : Bitstream Vera Sans Mono, Andale Mono, Nimbus Mono L, Courier New, Courier, Fixed, Terminal,
monospace

### TEXT
# text properties used by text.Text.  See
# http://matplotlib.org/api/artist_api.html#module-matplotlib.text for more
# information on text properties

text.color          : blue
```

图 11.1

代码如下所示。

```python
import matplotlib.pyplot as plt
import matplotlib as mpl
import numpy as np


plt.axes([0.1,0.1,.8,.8], frameon=True,axisbg="y",aspect="equal")
plt.plot(2+np.arange(3), [0,1,0])
plt.title("Line Chart")

# Add text in string 'FONT' to axis at location 'x', 'y', data
# coordinates
plt.text(2.25,.8,"FONT")


plt.show()
```

（2）运行结果

运行结果如图 11.2 所示。

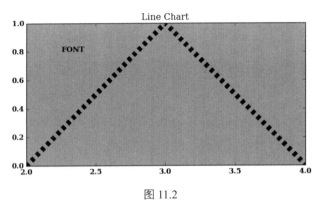

图 11.2

（3）代码精讲

我们通过修改配置文件 matplotlibrc 的 font 的字体属性值和 text 的文本属性值，实现对函数 matplotlib.pyplot.text()和 matplotlib.pyplot.title()的关键字参数的控制，输出我们期望的文本形式。

11.1.2　方法2——通过属性字典rcParams调整字体属性值和文本属性值

（1）代码实现

```python
import matplotlib.pyplot as plt
import numpy as np

# line properties in change
plt.rcParams["lines.linewidth"] = 8.0
plt.rcParams["lines.linestyle"] = "--"

# font properties in change
plt.rcParams["font.family"] = "serif"
plt.rcParams["font.serif"] = "New Century Schoolbook"
plt.rcParams["font.style"] = "normal"
plt.rcParams["font.variant"] = "small-caps"
plt.rcParams["font.weight"] = "black"
plt.rcParams["font.size"] = 12.0

# text properties in change
plt.rcParams["text.color"] = "blue"

plt.axes([0.1,0.1,.8,.8], frameon=True,axisbg="y",aspect="equal")
plt.plot(2+np.arange(3), [0,1,0])
plt.title("Line Chart")
```

```
# Add text in string 'FONT' to axis at location 'x', 'y', data
# coordinates
plt.text(2.25,.8,"FONT")

plt.show()
```

（2）运行结果

运行结果如图 11.3 所示。

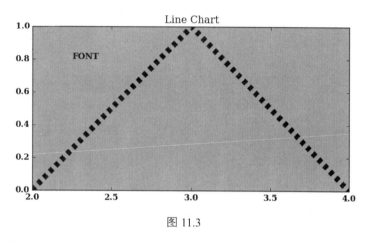

图 11.3

（3）代码精讲

通过使用属性字典 rcParams，同样完成了对 font 的字体属性值和 text 的文本属性值的设置，视图效果与方法 1 中的视图效果完全一致。"rcParams["font.serif"]"的键值以已经添加的字体文件在打开字体文件后出现的字体名称作为选择依据，键值"New Century Schoolbook"就是按照这一原则获取到的，而且尽量清除 matplotlib 文件夹中的文件 fontlist.cache 和文件夹 tex.cache。

11.1.3　方法 3——通过设置函数的关键字参数

（1）代码实现

```
import matplotlib.pyplot as plt
import numpy as np

plt.axes([0.1,0.1,.8,.8], frameon=True,axisbg="y",aspect="equal")
# line properties in change
plt.plot(2+np.arange(3), [0,1,0],linewidth=8.0,linestyle="--")
plt.title("Line Chart",color="red",family="New Century Schoolbook",
        style="normal",variant="small-caps",weight="black",size=18)
```

```
# Add text in string 'FONT' to axis at location 'x', 'y', data
# coordinates
# font properties and text properties in change

plt.text(2.25,.8,"FONT",color="blue",
        fontdict={"family":"New  Century  Schoolbook","style":"normal",
"variant":"small-caps","weight":"black","size":28})

plt.show()
```

（2）运行结果

运行结果如图 11.4 所示。

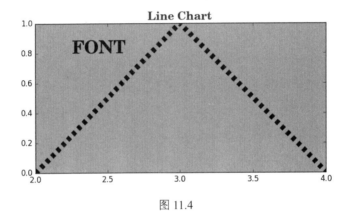

图 11.4

（3）代码精讲

我们通过在函数 matplotlib.pyplot.text()和 matplotlib.pyplot.title()中设置关键字参数，实现控制配置要素 font 的字体属性值和配置要素 text 的文本属性值。这里将标题 title()的文本颜色设置为红色，注释文本 text()的文本颜色设置为蓝色。这与上面的两种情况将文本颜色统一设置为蓝色有所区别。

11.2 延伸阅读——手动添加字体

如果需要的字体在字体集中没有，可以手动添加字体。具体步骤如下所示。

（1）下载需要的字体，例如 New Century Schoolbook Bold.ttf。

（2）将字体放在字体库 INSTALL/matplotlib/mpl-data/fonts/ttf 中，其中 INSTALL 是类似于 Linux 平台上的/usr/lib/python3.5/site-packages 和 Windows 平台上的 C:\Python35\Lib\site-packages。

（3）调用 matplotlib 中的模块 font_manager，使用模块 font_manager 中的类 FontProperties(fname)，将参数 fname 设定为字体 New Century Schoolbook Bold.ttf 所在的路径 fname="INSTALL/matplotlib/mpl-data/fonts/ttf/New Century Schoolbook Bold.ttf "。

（4）具体语句是 newfont = matplotlib.font_manager.FontProperties("INSTALL/matplotlib/mpl-data/fonts/ttf/New Century Schoolbook Bold.ttf")，字体文件名称以属性内容中的名称为主。

（5）将实例 newfont 作为参数 fontproperties 分别放在显示文本内容的函数中，具体语句是 matplotlib.pyplot.xlabel("textContent",fontproperties=newfont)，matplotlib.pyplot.ylabel ("textContent", fontproperties=newfont)。

经过上面 5 步就可以完成字体的手动添加和字体的内容输出工作，这种添加字体的方法也用来执行中文字体的添加和调试的任务。使用这种方法调试字体时，只能对有参数 fontproperties 的函数生效，没有参数 fontproperties 的函数对于文本方面的控制依然采用默认字体显示。当需要调用新添加的 New Century Schoolbook Bold 字体时，就可以根据上面的 3 种方法灵活设置配置要素 font 的字体属性值和 text 的文本属性值，而且这 3 种方法都可以对全部文本内容统一执行配置好的字体效果控制任务。

11.3 案例——字体主要属性的可视化展示

我们在 11.1 节介绍了配置要素 font 的字体属性和对应的字体属性值，以及支持字体属性的函数 text()。下面我们就看看通过函数 text()展示配置要素 font 的字体属性和对应的字体属性值的实际效果，方便读者对配置要素 font 的字体属性和对应的字体属性值的内容进行深入理解。

字体属性主要包括 family（字体类别）、style（字体风格）、size（字体大小）、variant（字体变体）以及 weight（字体粗细）等属性。这些字体属性是实例 Text 的属性，这些属性可以作为函数 text() 的关键字参数，这些属性对应的属性值可以作为参数值。因此，我们可以通过函数 text()展示每种属性的属性值。

（1）代码实现

```
import matplotlib.pyplot as plt

fig = plt.figure()
ax = fig.add_subplot(111)

# viewing family options
families = ["serif","sans-serif","fantasy","monospace"]

ax.text(-1,1,"family",fontsize=18,horizontalalignment='center')

pi = [0.9,0.8,0.7,0.6,0.5,0.4,0.3,0.2,0.1]

for i,family in enumerate(families):
    ax.text(-1,pi[i],family,family=family,horizontalalignment='center')

# viewing size options
```

```
sizes = ["xx-small","x-small","small","medium","large","x-large","xx-large"]

ax.text(-0.5,1,"size",fontsize=18,horizontalalignment='center')

for i,size in enumerate(sizes):
    ax.text(-0.5,pi[i],size,size=size,horizontalalignment='center')

# viewing style options
styles = ["normal","italic","oblique"]

ax.text(0,1,"style",fontsize=18,horizontalalignment='center')

for i,style in enumerate(styles):

ax.text(0,pi[i],style,family="sans-serif",style=style,horizontalalignment='c
enter')

# viewing variant options
variants = ["normal","small-caps"]

ax.text(0.5,1,"variant",fontsize=18,horizontalalignment='center')

for i,variant in enumerate(variants):

ax.text(0.5,pi[i],variant,family="serif",variant=variant,horizontalalignment
='center')

# viewing weight options
weights = ["light","normal","semibold","bold","black"]

ax.text(1,1,"weight",fontsize=18,horizontalalignment='center')

for i,weight in enumerate(weights):
    ax.text(1,pi[i],weight,weight=weight,horizontalalignment='center')

ax.axis([-1.5,1.5,0.1,1.1])
ax.set_xticks([])
ax.set_yticks([])

plt.show()
```

（2）运行结果

运行结果如图 11.5 所示。

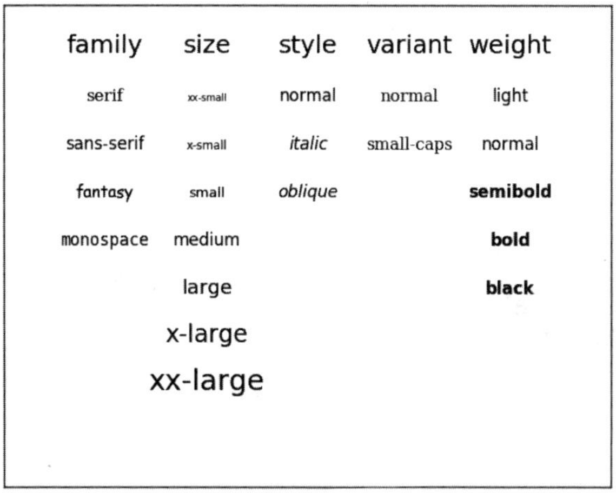

图 11.5

（3）代码精讲

我们对配置要素 font 的字体属性和对应的字体属性值进行了迭代输出，输出效果清晰直观地以 family、size、style、variant 和 weight 的顺序进行排列，对应的属性值也相应地展示出来，方便读者根据具体项目需要采用合适的字体属性和对应的字体属性值。代码中反复使用语句"for i,j in enumerate()"，内置函数 enumerate() 是将列表中的元素和元素所对应的索引分别赋值给变量 j 和 i，从而使用 for 循环将索引和元素通过调用 Axes 的实例方法 text() 逐一进行输出展示。

第 **12** 章

颜色使用

在数据可视化过程中，借助颜色来展示数据会影响读者对可视化图形的理解，因为观察者会对颜色和颜色所表达的信息做出一定的前提设定。这样，合理地使用颜色和颜色映射表就显得至关重要。

12.1 使用颜色参数和颜色映射表

本节我们从使用颜色参数的函数和使用模块中的颜色映射表两方面来探讨颜色在 matplotlib 实践中的使用方法，方便读者在 Python 数据可视化实践中根据自身的实际需求来灵活使用颜色参数和颜色映射表。再结合案例来全面展示在不同应用场景下颜色的使用方法。

12.1.1 颜色参数的使用

在需要使用颜色参数的方法或是函数中，例如函数 title()，title(" a color map and color model",color="colorName")，颜色参数 color 的取值有以下几种情况。

模式 1：英文缩写模式的基本颜色（见表 12.1）

表 12.1

缩写	颜色名	缩写	颜色名	缩写	颜色名	缩写	颜色名
b	蓝色	g	绿色	r	红色	c	青色
m	洋红色	y	黄色	k	黑色	w	白色

模式 2：Hex 模式的#RRGGBB 字符串

```
color = "#E0FFFF"
color = "#4682B4"
```

模式 3：HTML/CSS 模式的颜色名

```
color = "lightgreen"
color = "burlywood"
color = "skyblue"
```

模式 4：Decimal 模式的归一化到[0,1]的(R,G,B)元组

```
color =(0.5294,0.8078,0.9216)
```

接下来，我们通过在极坐标系统下绘制柱状图的探索，展示颜色关键字参数的不同模式的参数值的使用方法。在极坐标轴上绘制的柱状图称为极区图，因为它既有饼图的样式又是借助函数 bar()实现的。极区图由若干饼图中的饼片呈放射状投射在极坐标轴上，每一个饼片都是有一定角度的，同时饼片的半径类似于柱状图中柱体的高度，这也就解释了为什么可以通过函数 bar()绘制极区图的原因。每一个饼片的颜色可以使用一种颜色来填充，颜色值可以使用模式 1、模式 2 和模式 3 中的颜色定义方法来确定。

（1）代码实现

```
import matplotlib.pyplot as plt
import numpy as np


barSlices = 12


theta = np.linspace(0.0, 2*np.pi, barSlices, endpoint=False)
radii = 30*np.random.rand(barSlices)
width = 2*np.pi/barSlices
colors = np.array(["c","m","y","b",
                "#C67171","#C1CDCD","#FFEC8B","#A0522D",
                "red","burlywood","chartreuse","green"])


fig = plt.figure()
ax = fig.add_subplot(111, polar=True)


bars = ax.bar(theta,radii,width=width,color=colors,bottom=0.0)
```

```
plt.show()
```

（2）运行结果

运行结果如图 12.1 所示。

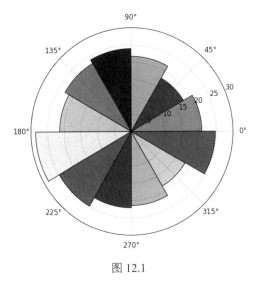

图 12.1

（3）代码精讲

在关键字参数 color 中，我们使用模式 1、模式 2 和模式 3 中的颜色定义方法进行饼片颜色的设定。在函数 bar()中，参数 theta 和参数 radii 分别用来确定饼片的角度和半径，饼片颜色由关键字参数 color 确定，全部饼片的半径起点是极径 0.0，即由关键字参数 bottom 确定。

12.1.2 颜色映射表的使用

matplotlib 提供很多颜色映射表，可以通过 matplotlib.cm.register_cmap()函数将新的颜色映射表添加到 matplotlib 中；可以通过 matplotlib.pyplot.colormaps()函数获得全部可用的颜色映射表；可以在 image、pcolor 和 scatter 上设置颜色映射表。目前，主要有两种使用颜色映射表的方法，具体如下所示。

方法 1：使用关键字参数

```
matplotlib.pyplot.imshow(X,cmap=matplotlib.cm.hot)
matplotlib.pyplot.scatter(X,Y,c=numpy.random.rand(10),cmap=matplotlib.cm
.jet)
```

方法 2：使用 matplotlib.pyplot.set_cmap()函数

```
matplotlib.pyplot.imshow(X)
matplotlib.pyplot.set_cmap("hot")
matplotlib.pyplot.set_cmap("jet")
```

值得注意的是，全部内置的颜色映射表都可以通过增加后缀 "_r" 的方式进行反转，例如 "jet_r" 就是 "jet" 的反向循环颜色映射表。

最常用的颜色映射表有 autumn、bone、cool、copper、flag、gray、hot、hsv、jet、pink、prism、spring、summer、winter。

其他颜色映射表基本上可以分为以下 3 类：

- sequential：同一颜色从高亮度单调地过渡到低亮度的单色系颜色映射表；
- diverging：颜色从中间最明亮的颜色开始，然后向两边不同的颜色逐渐变暗地过度；
- qualitative：可以彼此轻易地区分定类数据（Nominal）的不同取值的颜色映射表；

另外，还有以下可以使用的颜色映射表：afmhot、brg、bwr、coolwarm、CMRmap、gnuplot、ocean、rainbow、seismic、terrain 等。

根据 ColorBrewer（http://colorbrewer2.org）的颜色界定，出现了以下 3 种颜色映射表类型。

- ColorBrewer sequential：Blues、BuGn、BuPu、GnBu 等；
- ColorBrewer diverging：BrBG、PiYG、PRGn、RdYlBu 等；
- ColorBrewer qualitative：Accent、Dark2、Paired、Set1 等。

例如，我们使用 ColorBrewer diverging 类型中的 RdYlBu 颜色映射表（https://colorbrewer2.org/#type=diverging&scheme=RdYlBu&n=9），如图 12.2 所示。

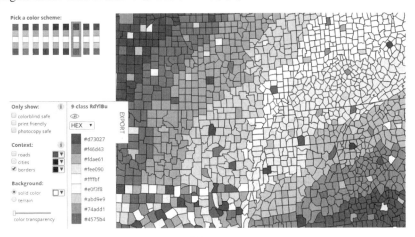

图 12.2

为了展示 RdYlBu 颜色映射表的绘制效果，我们使用下面的 Python 代码进行演示。

（1）代码实现

```
import matplotlib.pyplot as plt
import numpy as np

#ColorBrewer Diverging: RdYlBu
hexHtml = ["#d73027","#f46d43","#fdae61",
```

```
                    "#fee090","#ffffbf","#e0f3f8",
                    "#abd9e9","#74add1","#4575b4"]

sample = 10000
fig,ax = plt.subplots(1,1)

for j in range(len(hexHtml)):
    y = np.random.normal(0,0.1,size=sample).cumsum()
    x = np.arange(sample)
    ax.scatter(x,y,
            label=str(j),
            linewidths=0.2,
            edgecolors="grey",
            facecolor=hexHtml[j])

ax.legend()

plt.show()
```

（2）运行结果

运行结果如图 12.3 所示。

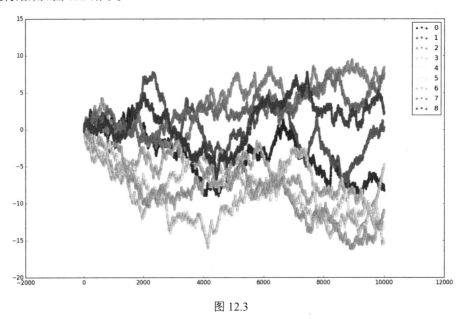

图 12.3

（3）代码精讲

我们将 ColorBrewer Diverging 类型中的 RdYlBu 颜色映射表或是颜色模式，用 HTML 十六进制字符串进行描述，数据种类（data class）是 9 种，因此，列表 hexHtml 共存储了 9 个 HEX 形式的字符串。通过散点图的形式将每种 HEX 字符串所表示的颜色进行展示，为了加以区分给每组散点图都添加标签进行注释，最后展示绘制结果。

12.2 综合案例

下面我们结合本节所讲的颜色参数和颜色映射表的使用方法，列举若干可以使用这一部分内容的函数，使读者掌握在多种应用场景下有关颜色的正确用法。

12.2.1 案例 1——模拟图的颜色使用模式

函数 pcolor() 用来生成二维的模拟颜色图，通过在函数 pcolor() 中使用颜色映射表可以生成多种颜色模式的二维模拟颜色图。

（1）代码实现

```
import matplotlib.pyplot as plt
import numpy as np

rd = np.random.rand(10,10)
plt.pcolor(rd,cmap="BuPu")
plt.colorbar()
plt.show()
```

（2）运行结果

运行结果如图 12.4 所示。

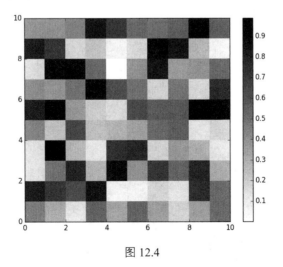

图 12.4

（3）代码精讲

在函数 pcolor(rd,cmap="BuPu")中，关键字参数 cmap 的参数值是"BuPu"，这个参数值是根据 ColorBrewer 的颜色界定的，使用的颜色映射表类型是 ColorBrewer Sequential。

参数 rd 是生成一个 10 行 10 列的数组，如图 12.4 所示，出现 10 行 10 列的彩色格子阵，每个颜色格子代表一个 0 到 1 之间的随机数。为了清楚地标示每个格子所代表的具体随机数值的大小，在彩色格子阵的右侧添加了一个颜色标尺，这个颜色标尺是通过函数 colorbar()绘制出来的，用来解释每个格子的颜色所代表的实际数值。

12.2.2 案例 2——散点图的颜色使用模式

在前面我们已经介绍过函数 scatter()的功能、调用签名、参数含义和调用展示的相关内容。接下来，我们就结合本节内容来探索散点图在颜色方面的具体应用。

（1）代码实现

```python
import matplotlib.pyplot as plt
import matplotlib as mpl
import numpy as np

a = np.random.randn(100)
b = np.random.randn(100)
exponent = 2

plt.subplot(131)
# colormap:jet
plt.scatter(a,b,np.sqrt(np.power(a,exponent)+np.power(b,exponent))*100,
        c=np.random.rand(100),
        cmap=mpl.cm.jet,
        marker="o",
        zorder=1)

plt.subplot(132)
plt.scatter(a,b,50,marker="o",zorder=10)

plt.subplot(133)
# colormap:BuPu
plt.scatter(a,b,50,
        c=np.random.rand(100),
        cmap=mpl.cm.BuPu,
        marker="+",
        zorder=100)

plt.show()
```

（2）运行结果

运行结果如图 12.5 所示。

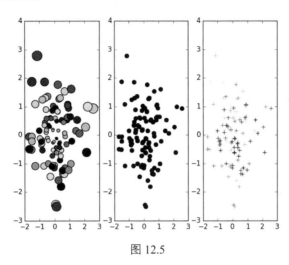

图 12.5

（3）代码精讲

在子区 1 和子区 3 中，我们分别使用了颜色映射表"jet"和"BuPu"。这一次我们是通过调用 matplotlib 中的模块 cm 中的颜色映射表来实现图形的颜色渲染的。在子区 1 中，函数 scatter()中使用了参数 c 的 n 维数组的模式，如果 n 维数组的元素是浮点数，那么 n 维数组就会被映射成相应的颜色，具体颜色模式是根据关键字参数 cmap 所使用的颜色映射表来决定的。因此，参数 c 和关键字参数 cmap 是相互配合使用的一组参数。另外，子区 1 中的标记大小是由参数 a 和参数 b 共同决定的，从而子区 1 中的散点图呈现出气泡图的视图效果。子区 3 中的标记大小是定值，标记大小都是相同的。子区 2 使用统一大小的蓝色标记呈现散点图。

12.2.3 案例 3——极区图的颜色使用模式

在前面我们已经详细地讲解过有关柱状图函数 bar()的知识，包括函数功能、调用签名、参数含义和调用展示，以及极区图的相关知识。因此，读者对柱状图和极区图已经有了一个比较系统的了解和掌握。下面，我们来介绍一下借助颜色映射表将柱状图投射到极坐标系下后，柱状图的可视化效果。

（1）代码实现

```
import matplotlib as mpl
import matplotlib.pyplot as plt
import numpy as np

barSlices = 12
```

```
theta = np.linspace(0.0, 2*np.pi,barSlices,endpoint=False)
radii = 30*np.random.rand(barSlices)
width = np.pi/4*np.random.rand(barSlices)

fig = plt.figure()
ax = fig.add_subplot(111,polar=True)

bars = ax.bar(theta,radii,width=width,bottom=0.0)

for r,bar in zip(radii,bars):
    bar.set_facecolor(mpl.cm.Accent(r / 30.))
    bar.set_alpha(r/30.)

plt.show()
```

（2）运行结果

运行结果如图 12.6 所示。

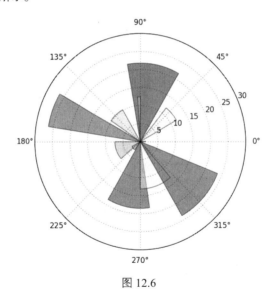

图 12.6

（3）代码精讲

通过函数 figure() 生成一个 Figure 对象，从而向 Figure 对象中添加子区，子区形状是 1 行 1 列，同时将坐标轴投射在极坐标系上。通过调用函数 bar() 获得在极坐标系统下的全部柱体的返回值。最后，使用函数 zip() 获得元组列表返回值，从而完成迭代过程。

在迭代过程中，完成了柱体上色和透明度选择的工作。其中，柱体上色是通过实例方法 set_facecolor() 完成的，透明度选择是通过实例方法 set_alpha() 实现的，实例方法 set_facecolor() 的参数赋值 mpl.cm.Accent(r/30.)是通过 Accent 颜色映射函数实现的,这是将 0 至 1 的数值映射成为 Accent 颜色映射表中的颜色。

12.2.4 案例 4——等高线图的颜色使用模式

函数 contour()是用来绘制等高线图的。等高线图是三维图形 z 轴的投影图,既然是投影图就需要刻画三维图形 z 轴的趋势变化,这就是等值线的作用。等值线是将 z 轴上函数值相等的点连接起来的。函数值是通过二元函数计算得出的。不同的等值线需要不同的颜色映射表,等值线也很类似于气象图中的等压线。因此,等高线图也是颜色主题的应用场景之一。

(1)代码实现

```python
import matplotlib as mpl
import matplotlib.pyplot as plt
import numpy as np

s = np.linspace(-0.5,0.5,1000)

x,y = np.meshgrid(s,s)


fig,ax = plt.subplots(1,1)

z=x**2+y**2+np.power(x**2+y**2,2)

# a ContourSet object returned by contour
cs = plt.contour(x,y,z,cmap=mpl.cm.hot)

# add label to contour
plt.clabel(cs,fmt="%3.2f")

# mappable is ContourSet object
plt.colorbar(cs)

plt.show()
```

(2)运行结果

运行结果如图 12.7 所示。

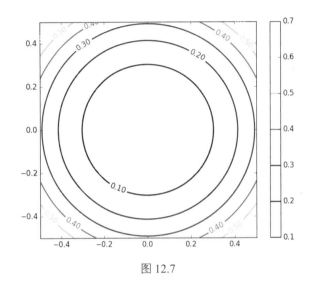

图 12.7

（3）代码精讲

通过调用函数 contour()获得一个 ContourSet 实例，我们可以将 ContourSet 实例作为参数代入函数 clabel()中，为等高线添加标签以此标示出每条等高线的数值大小。我们再将 ContourSet 实例传入函数 colorbar()中为等高线图配置颜色标尺，用来呈现每条等高线的颜色所代表的在 z 轴上的实际投影位置。同时，我们在函数 contour()里传入的关键字参数 cmap 的颜色参数值是常用颜色映射表中的"hot"颜色映射表。

12.2.5 案例 5——颜色标尺的颜色使用模式

使用函数 colorbar()可以对展示图形的颜色做出定量映射，也就是说，使用函数 colorbar()可以生成颜色标尺将图形中的颜色和具体数值的映射关系进行可视化展示，从而帮助我们对图形中的颜色变化和颜色种类进行定量的分析和研究。帮助我们选择和使用合适的颜色映射表或颜色模式。

（1）代码实现

```python
import scipy.misc
import matplotlib as mpl
import matplotlib.pyplot as plt


ascent = scipy.misc.ascent()

# display an image on the axes
plt.imshow(ascent,cmap=mpl.cm.gray)


# add colorbar to a plot
plt.colorbar()
```

```
# show the plot
plt.show()
```

（2）运行结果

运行结果如图 12.8 所示。

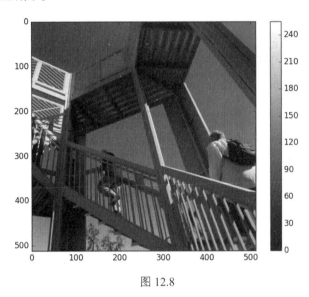

图 12.8

（3）代码精讲

首先，导入包 scipy。

然后，导入子包 misc，从而通过语句 scipy.misc.ascent()获得图形示例，这个图形示例是以数组数据结构进行存储的。图像都可以被表示成为 NumPy 多维度数组。我们调用函数 imshow()，将以数组形式存储的图像作为参数值导入，关键字参数 cmap 使用 gray 颜色映射表，从而将图像加载到坐标轴上。

最后，使用颜色标尺函数 colorbar()对图像中的颜色进行量化标示，反应颜色映射表的颜色和数值的映射关系，同时也凸显颜色变化和颜色类型的特点。因此，颜色标尺函数 colorbar()尽量与颜色参数、颜色映射表之间相互配合使用。

第 **13** 章

输出图形的展示和保存

13.1 运行命令行展示输出图形

展示输出图形是数据可视化的必要步骤。常规的方法是通过执行代码脚本进行图形呈现。但是，在很多分析和试验场景下，需要在命令行界面实现图形展示的目标，以求逐行和交互式展示输出图形。

当我们需要进行图形展示时，有两种方式：一种是将代码放在文档中进行统一执行；一种就是使用命令行展示图形。在命令行模式下，我们有两种方法：一种是在 Python shell 模式下执行；一种是在 IPython shell 模式下执行。

为了便于说明设置思路和操作方法，以下操作是在 Win7 系统下进行演示的。

13.1.1　方法 1——Python shell 模式

第 1 步：打开"开始"界面，单击"运行"（或在键盘上按组合键"Win+R"），在输入框中输入"cmd"，单击"确定"按钮，如图 13.1 所示。

图 13.1

第 2 步：将 Python 的安装路径放到环境变量 Path 中，例如将 "D:\Python27" 放入到环境变量 Path 里，记得与其他路径用 ";" 号隔开，如图 13.2 所示。

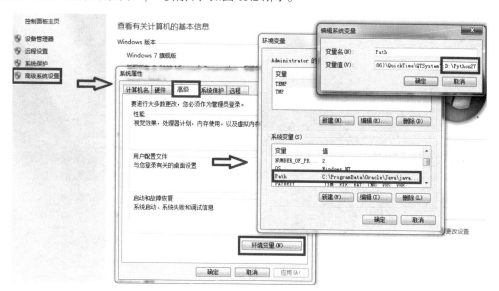

图 13.2

第 3 步：在命令行界面下，输入 "python"，然后按 "Enter" 键，如图 13.3 所示。

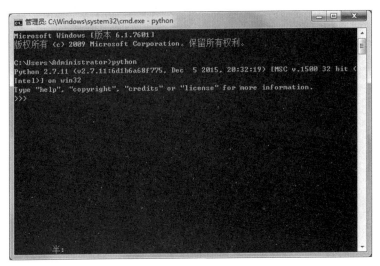

图 13.3

第 4 步：导入需要的库或已经安装的第三方包，然后就可以交互式展示输出图形了，如图 13.4 所示。

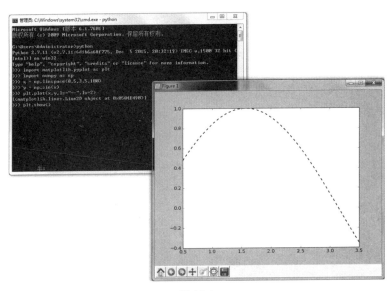

图 13.4

第 5 步：如果想退出 Python 模式，在命令行界面下输入"exit()"，然后按"Enter"键，如图 13.5 所示。

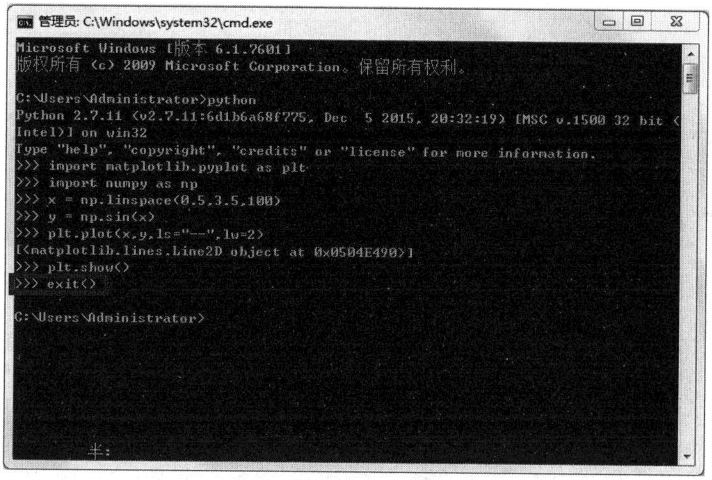

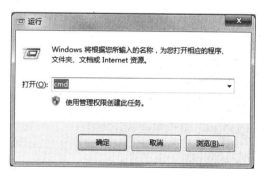

图 13.5

13.1.2 方法 2——IPython shell 模式

第 1 步：打开“开始”界面，单击“运行”(或在键盘上按组合键“Win+R”)，在输入框中输入“cmd”，单击“确定”按钮，如图 13.6 所示。

图 13.6

第 2 步：如图 13.7 所示，在命令行的终端界面下，输入“ipython --pylab”，然后按“Enter”键，使用 pylab 可以自动导入 numpy 包和 matplotlib 库，其中 pylab 模块和 matplotlib 库是相互平行的，pyplot 模块是 matplotlib 库的内部模块，当我们需要编辑和执行脚本时，在脚本中可以选择一种方式导入 pylab 模块或是 matplotlib 库的相关模块和第三方包 NumPy，如下所示。

```
from pylab import *
```

或

```
import matplotlib.pyplot as plt
```

```
import numpy as np
```

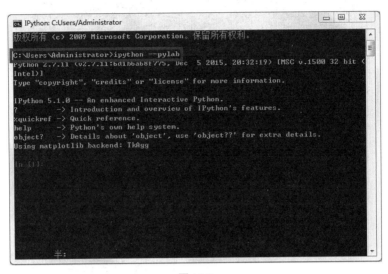

图 13.7

第 3 步：输入"plot([2,4,6,1,4,9,3,2,7])"，按"Enter"键，其中 In[1]和 Out[1]分别对输入和输出的行进行计数，如图 13.8 所示。

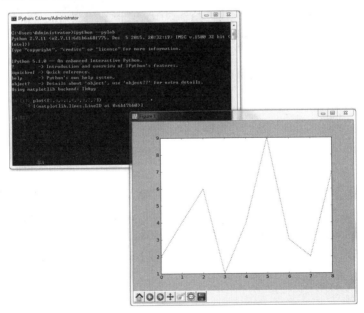

图 13.8

第 4 步：如果想退出 IPython 模式，在命令行界面下输入"exit()"，然后按"Enter"键，如图 13.9

所示。

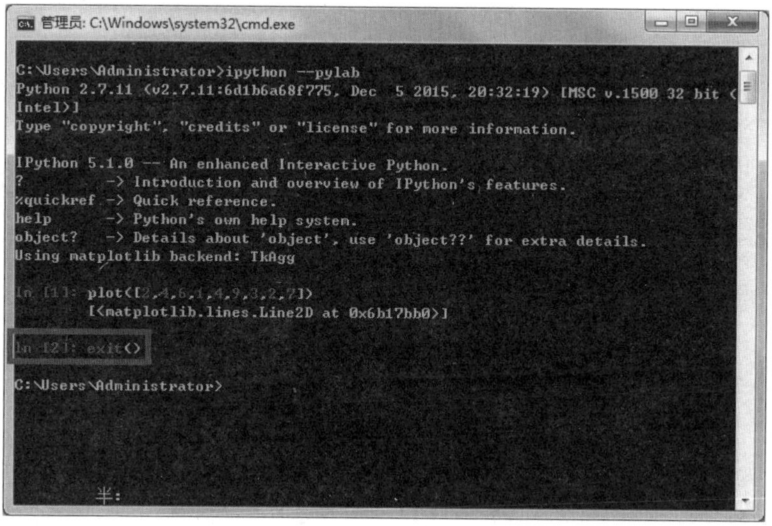

图 13.9

13.2 保存输出图形

在 matplotlib 实践中，很多情形下需要对输出图形进行指定路径的有效保存。这样，输出图形就可以用于印刷或高效展示。因此，本节我们就来介绍一下简便实用的保存输出图形的方法。

在我们执行完代码后，通常会有图形输出界面，此时可以有两种保存图形的方法：一种是在图形输出界面单击"保存"按钮；一种是通过执行代码进行输出图形的保存。

13.2.1 方法 1——使用"保存"按钮进行存储

下面以如下代码为例进行说明，在执行完下面这段代码后，会得到输出图形，如图 13.10 所示。

```python
# -*- coding:utf-8 -*-

import matplotlib as mpl
import matplotlib.pyplot as plt
import numpy as np

mpl.rcParams["font.sans-serif"]=["SimHei"]
mpl.rcParams["axes.unicode_minus"]=False

fig, ax1 = plt.subplots()
t = np.arange(0.05,10.0,0.01)
```

205

```
s1 = np.exp(t)
ax1.plot(t,s1,c="b",ls="-")

# set x-axis label
ax1.set_xlabel("x 坐标轴")

# Make the y-axis label, ticks and tick labels match the line color.
ax1.set_ylabel("以 e 为底指数函数", color="b")
ax1.tick_params("y", colors="b")

# ax1 shares x-axis with ax2.
ax2 = ax1.twinx()

s2 = np.cos(t**2)
ax2.plot(t,s2,c="r",ls=":")

# Make the y-axis label, ticks and tick labels match the line color.
ax2.set_ylabel("余弦函数",color="r")
ax2.tick_params("y",colors="r")

plt.show()
```

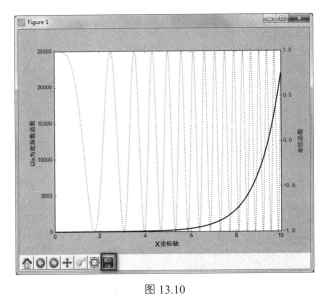

图 13.10

单击图 13.10 下方的"保存"按钮，就可以将输出图形保存。

13.2.2 方法 2——通过执行代码语句进行保存

依然以上面的代码为例，只是将上面的代码增加一条语句，具体代码如下：

```
# -*- coding:utf-8 -*-

import matplotlib as mpl
import matplotlib.pyplot as plt
import numpy as np

mpl.rcParams["font.sans-serif"]=["SimHei"]
mpl.rcParams["axes.unicode_minus"]=False

fig, ax1 = plt.subplots()
t = np.arange(0.05,10.0,0.01)
s1 = np.exp(t)
ax1.plot(t,s1,c="b",ls="-")

# set x-axis label
ax1.set_xlabel("x 坐标轴")

# Make the y-axis label, ticks and tick labels match the line color
ax1.set_ylabel("以 e 为底指数函数", color="b")
ax1.tick_params("y", colors="b")

# ax1 shares x-axis with ax2.
ax2 = ax1.twinx()

s2 = np.cos(t**2)
ax2.plot(t,s2,c="r",ls=":")

# Make the y-axis label, ticks and tick labels match the line color
ax2.set_ylabel("余弦函数",color="r")
ax2.tick_params("y",colors="r")

plt.savefig("D:\\FIGURE_DEMO.png")

plt.show()
```

通过添加 "plt.savefig("D:\\FIGURE_DEMO.png")" 语句，就可以在输出图形的同时，以 "FIGURE_DEMO.png" 名称保存图形在路径 "D://" 下，函数 savefig(fname)是将输出图形进行保存的函数，参数 fname 是保存图形的路径和图形名称。

附录 A

Python 基础知识

Python 作为一种优雅而且可读性很好的语言，一直非常受欢迎，因此，Python 成为世界各地的程序员主要使用的语言之一。同时，在人工智能、深度学习和开源项目非常受关注的当下，Python 更是成为这些领域的主要语言。回到本书《Python 数据可视化之 matplotlib 实践》，Python 同样是书中使用的唯一编程语言，考虑到很多想学习 matplotlib 相关知识的读者，由于专业领域和知识范围的不同，可能对 Python 或者是程序语言不是很了解。因此，就很有必要给有相关需求的读者介绍 Python 基础知识，帮助想要学习 matplotlib 知识和技能的读者做好前期的知识准备，以使读者顺利进入本书的学习阶段。

A.1 用变量存储信息

我们可以使用容器来盛放食物，同样，我们也可以使用变量来存储不同的信息，这些信息主要可以归为 6 种类型，分别是整数、浮点数、字符串、列表、元组和字典。这些类型使用变量作为存储载体，从而成为操作主体和代码构件。

A.1.1 存储信息的类型

整数（integer）：0，2，3，54；
浮点数（float）：2.72，0.56，59.23，-2.787；

字符串（string）："Hello Python"，"*"，"99"；

列表（list）：[1,25,5,7]，[]，["Java"，"Ruby"，"JavaScript"]；

元组（tuple）：(1,2,3)，()，("Java"，10，"0")；

字典（dictionary）：{ "green"：0，"red"：1，"color"："mix" }；

A.1.2　存储信息的方法

我们可以使用英文字母或是英文字母组合作为变量名称，通过"="作为桥梁，将具体存储信息放在"="右边，形成 a = 6 这样的变量赋值形式。

A.1.3　变量命名的基本规则

（1）变量命名不能使用数字开头。

（2）变量命名不能过长。

（3）变量命名不能包含特殊的符号（下画线"_"除外）。

A.2　函数的相关内容

函数作为 matplotlib 中的 pyplot 的 API，可以帮助读者轻松地调用需要的图表元素和图形函数，让读者顺利地从调用 pyplot 的 API 过渡到面向对象的调用 API。因此，函数是学习 matplotlib 入门阶段里的重要知识。下面，我们就从创建函数、函数赋值两方面给各位读者讲授有关函数的基本使用方法。

A.2.1　创建函数

函数由三部分组成：函数名、函数体和参数。

- 函数名是调用函数时，使用的名称。
- 函数体是函数具体进行从参数输入到输出的操作过程。
- 参数是用来存储传递给函数体的信息。

举例说明，函数具体形式如下：

```
def function_creation(name1,name2):
    a = name1+name2
    b = name2*name2
    c = a+b
return c
```

调用函数时，只需要将参数 name1 和 name2 用具体数值代替即可。

例如 function_creation(20,30)，就可以得到具体返回值，当然也可以定义没有返回值的函数。

A.2.2 函数赋值

在创建函数之后，就是调用函数的阶段了。在创建函数的过程中，我们会定义一些参数的含义，这些参数就是为了在函数调用时向这些参数赋值，从而使函数可以执行进而获得相应运行结果或是返回值。因此，下面就给读者讲解有关函数赋值的相关知识。

1. 传递普通参数值

在我们需要调用函数时，可以根据参数的不同类型，向参数传递具体信息值，实现函数的正确调用。

2. 设置默认值参数

有时候，根据具体项目的特定需求，我们会给某些参数设定成具体的信息内容，以便调用函数时，不用频繁地给该参数赋值，而只在需要改变参数内容时才对此参数进行重新赋值。如果需要使用默认值参数，则其函数定义方法如下：

```
def function_creation(name1,name2=20):
    a = name1+name2
    b = name2*name2
    c = a+b
return c
```

在调用函数时，如果没有对参数 name2 进行重新赋值的需要，只需要写出 function_creation(name1) 的调用形式即可。

3. 设置可变数目的参数

谈到设置可变数目的参数，就要先谈谈可变数目的关键字参数。

```
def function_creation(name1,name2,**kwagrs):
    a = name1+name2
    b = name2*name2
    c = [a,b,nam3,name4]
    return c
```

在上面的函数参数中，有一个参数是 **kwagrs，这个参数需要放在函数的参数列表的末尾，它就是关键字参数。在这个参数的前面有两个星号非常关键，它表示这个参数 kwagrs 可以存储任何数量的关键字参数，即 function_creation(name1,name2,name3=2,name4=10)，并且将这些关键字参数 name3=2 和 name4=10 保存在字典（键值对的枚举排列，每一项都是一个键值对，先是键，然后是冒号，最后是值，每个键值对之间以逗号分隔）中。

然后，我们谈谈可变数目的非关键字参数。

```
def function_creation(name1,name2,*agrs):
    a = name1+name2
    b = name2*name2
    c = [a,b,nam3,name4]
    return c
```

在上面的函数中，参数*agrs 表示可变数目的非关键字参数，也就是说，可以直接将信息放在函数列表的末尾，而不需要用具体的参数进行信息赋值处理，即 function_creation(name1,name2,30,10,5) 的调用形式。这些非关键字参数值 30、10 和 5 保存在元组中，这是一个无法编辑的元组。

A.3　类和实例

面向对象编程是一种将代码封装打包的组织代码的方法。在本书的很多章节都用到了面向对象编程的技术和知识，其中类和实例是需要读者重点学习的知识。

A.3.1　类

首先，我们定义一个类 NewClass。基类 NewClass 包括属性 a、b、c 和 d，分别表示基类的不同方面。

```
class NewClass(object):
    def __init__(self):
        self.name = "apple"
        self.contain = "box"
        self.number = 20

    def print_box(self):
        print "There are {} apples in the {}.".format(self.number,self.
contain)
```

A.3.2　实例

要生成一个新的实例 newitem，必须调用类 NewClass，然后在 NewClass 后面加上一对括号就可以了，即 newitem = NewClass()。接下来，我们就可以看看这个实例都有哪些属性和方法。

```
newitem.name
newitem.print_box()
```

实例和类是具有继承关系的，也就是说，类具有的属性和方法，在生成的实例中都会保留，可以使用。实例可以理解成是类的具体化，这就好比动物是类，猫科动物是实例。动物有耳朵、鼻子和眼睛等五官属性，猫科动物也同样具有；动物可以发出声音和移动，猫科动物也具有同样的行为特征。

A.4 导入模块和包

Python 有各种用途的包，这些包都放在类库中，Python 类库分为标准库和网络库两种。标准库中的包不需要另外安装就可以使用，网络库中的包需要使用附录 C 中的方法安装后，才可以使用。但是，无论是哪种库中的包，都需要使用 Python 语句中的 import 语句进行导入才可以使用库中的包及包中的模块。在包中会包含模块和其他包。所谓模块就是包含类、函数和实例的 Python 文件。一个包可以包含多个模块。这些模块都是主题相关的 Python 文件。因此，Python 类库中的包就是一个文件夹，模块就是文件夹中的文件。

我们想要使用任何已经安装的包或是模块，都需要使用 Python 的 import 语句来完成包或是模块的导入工作。导入模块或是包的 Python 语句如下：

（1）import module

（2）import package.module as mod

（3）from package import module

（4）from module import function

（5）from module import class

（6）from module import *

上面导入模块或是包的 Python 语句的解释如下：

（1）导入模块 module

（2）导入包 package 中的模块 module，同时将模块 module 简记成 mod

（3）从包 package 中导入模块 module

（4）从模块 module 中导入函数

（5）从模块 module 中导入类

（6）从模块 module 中导入全部内容

在命令行界面（或按组合键"Win+R"后输入"cmd"）下，输入"python"，出现 Python 命令行界面，读者可以输入"import this"语句，获得 Python 的禅语，领悟 Python 的设计哲学与思想，以及 import 语句的独特魅力。

附录 B

NumPy 基础知识

本书的正文部分有大量调用 numpy 包的代码语句，特别是在数据生成方面使用的频率非常高。因此，下面我们就简要介绍有关 numpy 包的导入和使用方法。

B.1 导入方法

numpy 包的导入方法非常简便，只需要执行 import 语句即可完成 numpy 包的导入工作。具体代码语句如下：

```
import numpy as np
```

B.2 数据生成的基本方法

我们可以使用 NumPy 将列表 list 转化为数组 array，具体实现方法如下：

```
import numpy as np
a = [1,3,5,7,9]
b = [2,4,6,8,10]
ab = [a,b]
array_A = np.array(a)
```

```
array_B = np.array(b)
array_AB = np.array(ab)
>>> array([1, 3, 5, 7, 9])
>>> array([1, 3, 5, 7, 9])
>>> array([[ 1,  3,  5,  7,  9],
           [ 2,  4,  6,  8, 10]])
```

B.3 基础函数的使用方法

在 NumPy 中，有很多可以直接调用 API 的函数，包括 numpy.arange() 和 numpy.linspace() 等。通过使用这些函数，我们就可以非常方便地生成样本数据。下面，我们就具体讲解这些函数的使用方法。

B.3.1 函数 arange() 的使用方法

函数 arange() 的使用方法非常简单，只需要将 3 个参数的含义弄清楚就可以。下面，我们就讲解函数 arange(start,stop,step) 的参数的使用方法，具体如下所示。

- start：数组起始值；
- stop：数组终止值（通常不包括终止值）；
- step：数组元素之间的间隔值。

调用函数 arange()，获得的返回值是一个包含起始值且不包含终止值的数组。我们通过下面的代码来展示函数 arange() 的具体使用方法。

```
import numpy as np
a = np.arange(5)
>>> array([0, 1, 2, 3, 4])

b = np.arange(0,10.1,1)
>>> array([ 0.,  1.,  2.,  3.,  4.,  5.,  6.,  7.,  8.,  9., 10.])

c = np.arange(2,10,2)
>>> array([2, 4, 6, 8])
```

B.3.2 函数 linspace() 的使用方法

函数 linspace() 的使用方法与函数 arange() 的使用方法类似，我们同样只需要掌握 3 个参数的含义就可以灵活使用函数 linspace() 进行样本数据的构造。下面，我们就讲解函数 linspace(start,stop,num=50,endpoint=True) 的参数的使用方法，具体如下所示。

- start：数组起始值；

- stop：数组终止值（通常包括终止值）；
- num：数组的长度（数组中的元素个数）；
- endpoint：是否包括数组终止值。

我们调用函数 linspace() 后，会获得一个既包含起始值又包含终止值的数组，而且元素之间的步长（间隔）是相同的。数组的长度是关键字参数 num，这个关键字参数 num 是包含起始值和终止值的元素个数，默认长度是包含 50 个元素。关键字参数 endpoint 是默认包含终止值在数组中。接下来，我们就举例说明函数 linspace() 的使用方法。

```
import numpy as np
a = np.linspace(1,10,10)
>>> array([ 1.,  2.,  3.,  4.,  5.,  6.,  7.,  8.,  9., 10.])

b = np.linspace(1,10,5)
>>> array([ 1.  ,  3.25,  5.5 ,  7.75, 10.  ])

c = np.linspace(1,10,4,endpoint=False)
>>> array([ 1.  ,  3.25,  5.5 ,  7.75])
```

B.3.3 内置函数的使用方法

在 numpy 包中，包含大量的内置函数，例如 sin()、cos()、exp()、power() 等。下面简要举例说明这些函数的参数含义和操作方法。

```
import numpy as np

x = np.linspace(0,2*np.pi,100)
y1 = np.sin(x)

y2 = np.cos(x)

y3 = np.exp(x)

y4 = np.power(x,2)
```

关于函数 sin()、cos() 和 exp() 的使用方法没有需要强调和说明的，参数含义就是输入值。在函数 power() 中的第二个参数表示幂函数的次数，此时 np.power(x,2) 和 x**2 是等价的。

B.4 内置 random 包的导入和使用方法

通过导入 random 包，我们就可以生成各种数据类型或是分布的样本数据。而且生成随机数据的方法非常简便，与 numpy 包的基础函数的参数使用方法类似。下面，我们就简要介绍内置 random 包的导入和使用方法。

B.4.1　内置 random 包和函数的导入方法

我们通过导入 numpy 包后，再按照使用包的名称用实心句点分隔就可以完成内置 random 包的导入工作。根据需要使用的函数，将函数名称放在第二个实心句点之后。例如，需要导入函数 randn()，具体语句如下：

```
import numpy as np

np.random.randn()
```

如果读者有明确的使用需求，也可以通过下面的语句完成内置 random 包和函数的导入工作：

```
from numpy.random import randn
```

B.4.2　内置 random 包中的函数使用方法

下面，我们讲解函数 rand() 和 randn() 的功能和使用方法。接下来，就通过具体语句进行阐述。

```
import numpy as np

a = np.random.rand(10)
>>> array([ 0.37129457,  0.43010697,  0.49693135,  0.40239071,  0.87544659,
0.15494597,  0.30282767,  0.43488265,  0.62809286,  0.3834025 ])

b = np.random.randn(10)
>>> array([-0.94558697,  1.73869117, -0.96493069, -0.370556  ,  2.19427369,
0.82044513, -0.20371923, -0.16237368, -1.53860887, -1.51970818])
```

函数 rand(10) 生成长度是 10 的数组，其中的元素介于 0 和 1 之间。函数 randn(10) 生成标准正态分布的样本容量是 10 的返回值，返回值形式是包含 10 个元素的数组。

附录 C

matplotlib、NumPy 和 IPython 的安装方法

本书的示例代码都是基于 Python 2.7、matplotlib1.5.3 和 NumPy1.13.1 的，对于 matplotlib 的安装会在下面给大家介绍。安装 matplotlib 的方法有很多种，如果可以使用 Anaconda 发行版，则安装 matplotlib 会非常简单，可以使用包管理器 conda 进行安装，只需要输入以下命令：

```
conda install matplotlib
```

也可以使用命令行模式进行安装，这个会由于操作系统的不同而有所差异，NumPy、IPython 的安装方法与 matplotlib 的安装方法类似，下面就以 matplotlib 的安装方法为例进行说明。

1.Linux 操作系统

对于 Debian 或者 Ubuntu 系统，可以使用下列命令安装 matplotlib：

```
$ sudo apt-get install python-matplotlib
```

对于 Red Hat 系统，可以使用下列命令安装 matplotlib：

```
$ sudo yum install python-matplotlib
```

2.Windows 系统

我们可以直接使用包管理器 pip 进行安装：

```
pip install matplotlib
```

3．Mac OS X 系统

```
pip install matplotlib
```

如果当前的账户缺乏足够的权限，则需要在上面这条命令的前面追加 sudo。

4．使用 Windows Installer 安装程序

需要补充的是，对于 Windows 系统来说，可以使用 Windows Installer 安装程序（ *.exe ）进行 matplotlib、NumPy 和 IPython 的安装。

我们以 matplotlib 的安装过程为例进行说明，NumPy 和 IPython 的安装过程与之类似，可以分别访问 https://sourceforge.net/projects/numpy/files/ 和 http://archive.ipython.org/release/。具体步骤如下所示。

（1）在 https://sourceforge.net/projects/matplotlib/files/，下载用于 Windows 系统的安装程序，最新的发行版本会置于下载列表的顶端。

（2）在下载过程中，需要考虑 Python 的位数信息，找到对应 Python 位数的 exe 格式的 matplotlib。

（3）下载完成后，双击打开安装程序。

（4）按照安装程序界面上的提示进行安装即可。

5．使用*.whl 文件进行快速安装

我们也可以采用在命令行窗口使用*.whl 文件的方式进行 matplotlib 的快速安装，一般建议通过命令行模式安装，具体操作步骤如下所示。

（1）输入网址 https://www.lfd.uci.edu/~gohlke/pythonlibs/，下载对应位数和版本的 matplotlib 库。这个网址是通过包管理工具 pip，来安装基于 Windows 的.whl 格式的 Python 拓展包，根据自己的 Python 版本及 Python 位数来选择具体的.whl 格式文件。对于 Python 位数，可以通过命令行客户端来查看，即按住组合键"Win+R"，输入"cmd"，再输入"python"，就进入 Python shell 模式，会出现 Python 的版本和位数信息，如图 C-1 所示。

图 C-1

（2）按住组合键"Win+R"，输入"cmd"，打开命令行客户端界面。

（3）通过 cd 命令，进入*.whl 文件所在的路径。

（4）通过使用"pip install *.whl"语句，完成 matplotlib 库的安装。

对于 matplotlib 库的安装过程而言，会同时安装依赖的第三方包，NumPy 就是其中之一。读者可以按照上面的安装方法，安装缺少的第三方包。具体的安装过程，这里就不再赘述。